飞机结构耐久性 与损伤容限设计

主　编　安　海
副主编　齐　辉　张德欣　张嘉伦

U0333208

哈尔滨工程大学出版社
Harbin Engineering University Press

内 容 简 介

本书围绕构件疲劳断裂机理及其影响因素,阐述了结构抗疲劳断裂的细节设计技术与措施,目标是使用这些设计技术和措施,精确合理地对工程实际结构进行定量分析与设计,制订工程结构详细的抗疲劳断裂细节设计方案。通过本书的学习,学生能够掌握飞行器结构疲劳与寿命设计的基本理论和基本方法,并可以应用这些理论和方法解决工程实际问题。

本书可供国内高校航空航天类专业学生使用,也可为从事飞机结构设计与分析的技术人员提供参考。

图书在版编目(CIP)数据

飞机结构耐久性与损伤容限设计 / 安海主编. — 哈尔滨 : 哈尔滨工程大学出版社,2022.4
ISBN 978 - 7 - 5661 - 3428 - 8

Ⅰ. ①飞… Ⅱ. ①安… Ⅲ. ①飞机构件 - 耐用性 - 结构设计②飞机构件 - 损伤 - 结构设计 Ⅳ. ①V222

中国版本图书馆 CIP 数据核字(2022)第 045950 号

飞机结构耐久性与损伤容限设计
FEIJI JIEGOU NAIJIUXING YU SUNSHANG RONGXIAN SHEJI

选题策划 刘凯元
责任编辑 刘凯元
封面设计 刘津菲

出版发行 哈尔滨工程大学出版社
社　　址 哈尔滨市南岗区南通大街 145 号
邮政编码 150001
发行电话 0451 - 82519328
传　　真 0451 - 82519699
经　　销 新华书店
印　　刷 哈尔滨午阳印刷有限公司
开　　本 787 mm × 1 092 mm　1/16
印　　张 11
字　　数 260 千字
版　　次 2022 年 4 月第 1 版
印　　次 2022 年 4 月第 1 次印刷
定　　价 58.00 元
http://www.hrbeupress.com
E-mail:heupress@ hrbeu.edu.cn

前　　言

　　飞机结构设计思想经历了从静强度设计、气动弹性设计、安全寿命设计、破损安全设计到耐久性与损伤容限设计的演化过程。本书介绍了飞机结构疲劳设计和结构耐久性与损伤容限设计的基本原理,以及相关的基础理论知识,并在此基础上系统介绍了疲劳载荷谱的编制、安全寿命设计、耐久性与损伤容限设计的设计思想和方法。

　　全书共分为 8 章。第 1 章概述了飞机结构设计的几种主要方法;第 2 章阐述了结构疲劳破坏的机制及理论分析方法;第 3 章和第 4 章阐述了影响结构疲劳强度的主要因素,以及提高疲劳强度的主要措施;第 5 章详细介绍了疲劳载荷谱的特点及编谱方法;第 6 章介绍了结构安全寿命设计的几种方法;第 7 章介绍了结构损伤容限设计的设计原则和方法;第 8 章主要介绍了结构耐久性设计的一些基本概念和概率断裂力学的方法。本书从结构疲劳的现象入手,逐步开展疲劳失效机理分析到理论研究,最终给出具体的设计方法。本书力求概念表述清晰,原理表述透彻,图文并茂,关键设计方法、步骤详细完整且便于掌握,并结合工程问题实例,强调设计方法在实际工程中的应用。

　　本书在编写过程中广泛参考了国内外专家、学者的文献资料,在此向所有文献资料的原作者表示诚挚的感谢!

　　由于作者水平有限,书中难免存在不足之处,恳请读者和专家批评、指正。

安　海

2021 年 11 月 22 日

目录
Contents

第1章

绪　　论

20 世纪 50 年代以前,飞机结构是单纯采用静强度设计准则与刚度设计准则进行设计的,之后,基于以往的经验教训和科学技术的进步,以及飞机使用要求的不断提高,飞机安全和寿命的设计思想发生了很大变化,20 世纪 50 年代中期以后,逐渐发展起来以安全寿命为设计准则的设计和评估思想。这是飞机结构设计思想的一次重大变革。

安全寿命设计思想是以构件无初始损伤的假设为基础的。显然,这是理想化的条件,事实上,构件可能存在这样或那样的始缺陷。因此,安全寿命设计思想并不一定能保证飞机安全可靠。于是,在 1960 年相关研究者提出了破损安全设计概念。20 世纪 60 年代初期到 70 年代初期,飞机结构设计采用破损安全与安全寿命相结合的设计思想,这种设计思想可在这个时期的国外民用飞机设计规范中看到。这种破损安全与安全寿命相结合的设计思想,具有一定的局限性,仍不足以解决安全和寿命问题。

随着断裂力学和其他学科的发展,出现了耐久性与损伤容限设计思想。1969 年,美国空军开始规定对飞机结构采用耐久性与损伤容限设计。1978 年,美国联邦航空局(FAA)规定在民用机上采用耐久性与损伤容限设计来代替原来的破损安全与安全寿命设计。耐久性与损伤容限设计思想的核心是承认结构件中存在初始缺陷的可能性,并设法控制损伤的扩展,从而使飞机结构在规定期限内具有规范要求的抗破坏能力和经久耐用的品质。耐久性与损伤容限设计是一次变革性质的设计思想发展。

1.1　安全寿命设计思想

安全寿命设计思想是要求飞机结构在一定使用期内不发生疲劳破坏。构件出现裂纹就看作是一种破坏。构件形成可检裂纹的这段时间就是构件的疲劳寿命。到了安全寿命的构件需进行修理或更换。

采用安全寿命设计思想设计飞机结构件,应对其进行安全寿命估算和评定,使得在构件的使用期内,不大可能出现由使用中的重复载荷引起的灾难性疲劳破坏事故。进行安全寿命估算和评定,需要做以下几方面工作:

(1)用实测统计方法确定飞机的疲劳载荷谱;

（2）进行结构应力分析,包括对应力集中的分析;

（3）确定飞机结构的危险部位;

（4）确定危险部位的应力谱;

（5）取得对应部位的 $S-N$ 曲线;

（6）根据累积损伤理论,进行疲劳寿命估算;

（7）进行全尺寸结构(全机或部件)疲劳试验,发现和改进结构的薄弱环节,提供结构的安全寿命(或构件更换时间),并验证理论分析与计算结果的正确性。

飞机结构的安全寿命需要通过分析和试验来确定。安全寿命设计方法的经验表明,理论计算的结构寿命是不可靠的,必须通过全机或部件疲劳寿命试验,确定安全寿命(使用寿命)。考虑到试验寿命的分散性,通常

$$安全寿命 = \frac{试验寿命}{分散系数}$$

应当指出,安全寿命设计是静强度设计和刚度设计的补充和发展,它不能代替静强度设计和刚度设计。

如前所述,安全寿命设计思想是以结构无初始缺陷的假设为基础的。事实上,即使在严格的质量控制条件下,在构件中也总有可能出现未被发现的初始缺陷(类裂纹)或裂纹。如果这些裂纹达到了失控性扩展,就会造成结构失效。因此,采用安全寿命设计方法估算的寿命与试验寿命很不一致,有的飞机结构甚至在试验中不到一个设计寿命期就出现一些部位的开裂和破坏问题。试验寿命也与实际使用寿命很不一致。例如,F-4 飞机机翼在飞行 1 200 h 发生破坏,而试验却飞行 11 800 h;F-15 飞机机翼在飞行 1 000 h 破坏,而试验寿命大于 16 000 h;F-111 飞机机翼枢轴断裂时飞行仅 100 h,而试验已顺利飞行 40 000 h。因此,安全寿命设计方法及相应的规范不能够确保飞机结构的安全性。另外,靠用大的分散系数来保证安全性和可靠性,又往往使构件设计得太保守,所以该种设计方法需要改进。

美国波音公司规定,对采用安全寿命设计的构件必须做经常性检查,并且禁止在受飞行载荷的安全寿命结构中使用合金钢。

确定了安全寿命,也就确定了部件或构件的更换时间。在一定条件下,可能将构件或部件更换时间延长,但这时至少应做以下两方面工作:

（1）通过测量飞机的空速、高度及载荷－时间历程,或者空速、高度和应变－时间历程,获得飞机所经受的实际载荷或典型的应力实测结果,进行必要的统计分析,修改估算的疲劳载荷谱。

（2）进行附加的分析和试验,依据附加试件的疲劳试验结果,并且通过原始寿命评定与使用情况的对比分析,对安全寿命进行重新评定。也可用更换下来的部件进行重复的加载试验,重新评定已确定的安全寿命。试验应该准确地模拟使用加载条件。

1.2 破损安全与损伤容限设计思想

◎ 1.2.1 破损安全设计思想

破损安全设计思想是一个构件被破坏之后,它承担的载荷可能由其他结构件继续承担,以防止飞机的破坏,或造成刚度降低过多而影响飞机的正常使用。也就是说,这种设计思想允许飞机结构有局部破损,但前提是保证飞机的安全。

破损安全设计思想可看作损伤容限设计思想的雏形,至今仍是后者的一个组成部分。这种设计思想可在多种早期的飞机设计规范中见到。但是,这种设计思想的改进具有局限性,远不足以解决安全和寿命问题。因此,这种破损安全设计思想在飞机结构设计中正在被损伤容限设计思想所代替。

◎ 1.2.2 损伤容限设计思想

1. 损伤容限设计的基本含义

损伤容限是指结构在规定的未修使用周期内,抵抗由缺陷、裂纹或其他损伤而导致破坏的能力。简单地说,损伤容限就是指飞机结构中初始缺陷以及飞机在使用中缺陷发展的允许程度。因此,损伤容限设计概念是承认结构在使用前就带有初始缺陷的,但必须通过设计的方法把这些缺陷或损伤在规定的未修使用周期内的增长控制在一定的范围内。在此期间,结构应满足规定的剩余强度要求(含缺陷或含裂纹结构的承载能力),以保证飞机结构的安全性和可靠性。因此,损伤容限设计思想研究的对象是那些影响飞行安全的结构在使用寿命期内的安全裕度问题。

从损伤容限设计的基本内容上看,就是通过设计、分析和试验验证,对可检结构给出检修周期,对不可检结构提出严格的剩余强度要求和裂纹增长限制,以保证结构在给定的使用寿命期内,不至于因未发现的初始缺陷扩展失控而造成飞机的灾难性事故。因此,损伤容限设计所追求的目标就是通过设计、分析、试验与监测维修的各种手段,保证飞机在使用周期内其剩余结构(带损伤结构)仍然能够承受使用载荷的作用,不发生结构的破坏或过分变形,并达到保证安全性所要求的检查水平。

目前在飞机结构设计中,已普遍采用损伤容限设计方法,对于认为不宜采用损伤容限概念的结构,例如起落架和发动机吊挂,仍采用安全寿命设计。当初在民用飞机上保留安全寿命设计方法的发动机安装点,目前也已改用了新设计方法,只有起落架正在研究改用。

飞机不同的结构部位,其裂纹的发生和扩展情况的检查是与该结构部位的可检查度密切相关的,具有不同可检查度的结构应采取不同的设计概念,并且损伤容限设计要求也按不同结构类型加以规定。因此,应用损伤容限概念进行设计时,对结构分类是必要的。

2. 飞机结构按检查度分类

结构的可检查度与检查时的方法、设备和被检查结构部位的可达性有关,也与检查地点(外场或场站)有关。通常,飞机结构按检查度分为以下几类:

(1)飞行中明显可检结构

若飞行中发生损伤的性质和程序使飞行人员能立即且无误地觉察已发生重大损伤,而不应再继续执行任务,则这种结构为飞行中明显可检结构。

(2)地面明显可检结构

若损伤的性质和程度不需要地勤人员对结构进行特殊的检查就可迅速、无误、明显觉察,则这种结构为地面明显可检结构。

(3)环视可检结构

若损伤的性质和程度不会被进行结构目视的人员漏检,则结构为环视可检结构。这种检查一般是从地面对结构外部目视检查,不需要拆下检查口盖或窗口,也不需要特殊的检查工具。

(4)特殊目视可检结构

若损伤的性质和程度不会被寻找损伤结构而对飞机进行详细目检的人员所漏检,则这种结构为特殊目视可检结构。这种检查包括拆下检查口盖和窗口,并允许使用简单仪器,如反光镜和放大镜。但是,需除油漆和密封等,并需采用渗透法、X射线等探伤技术进行检测的可检结构,不属于特殊目视可检结构。

(5)翻修级或基地级可检结构

若损伤的性质和程度需用一种或多种选定的无损检测方法才能发觉,则这种结构为翻修级或基地级可检结构。检查方法包括渗透、X射线、超声波等无损检测方法。检查时的可达性包括拆卸为此而设计的部件。

(6)使用中不可检结构

若损伤尺寸,通过前述的一项或多项检查均不能检测到,则这种结构为使用中不可检结构。

3. 结构的设计分类

飞机的结构设计类型与结构所处位置、传递载荷的任务、结构要求的安全系数、抗腐蚀能力、结构的裂纹抗展速率和结构寿命等因素相关。通常,可把飞机结构的设计类型分为以下几类:

(1)缓慢裂纹增长结构

这种结构类型包括所有结构形式的单传力和多传力途径结构。它被设计成存在初始损伤,损伤将以稳定、缓慢的速率扩展;并且在规定的检修周期内,在使用载荷/环境谱作用下,结构内的初始损伤不至于扩展到临界裂纹尺寸。对于这种类型的结构,安全是靠裂纹的缓慢扩展和具有一定剩余强度来保证的;裂纹在规定的使用期内,不允许达到零部件临界尺寸,不允许发生不稳定扩展。

(2)破损安全止裂结构

为了保证飞机出现结构性裂纹后,裂纹不会迅速扩展到很长,而导致危险的断裂,在飞

机结构设计中可采用止裂措施。它使结构在规定
的检修周期内,在使用载荷/环境谱作用下,结构破
损部位被完全破坏之前,裂纹的不稳定扩展会被限
制在结构的一个连续区域里。例如,民用飞机机身
结构中要求长桁和框缘直接铆接(或点焊)在蒙皮
上,使机身蒙皮上出现的疲劳裂纹有可能被限制在
两根长桁和框缘缘条组成的格子内。有的飞机机
身上还加有环向止裂带(例如,在 DC-10 飞机上沿
机身框处就有钛合金止裂带),这种止裂带是为了
阻止裂纹在环向应力作用下沿纵向不断扩展而设
置的。又如图 1-1 所示的三缘条环形框,当抗剪
腹板外部(或内部)出现裂纹后,裂纹的扩展会被设
置的中间突缘(角材)限制住。

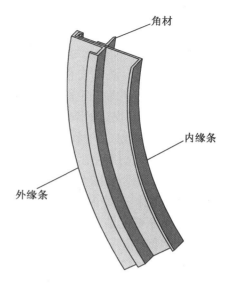

图 1-1 耐久性与损伤容限的关键因素

破损安全止裂结构的安全性是通过残余结构
的缓慢裂纹扩展和在后续的检查中发现损伤来实
现的。另外,在规定的未修使用周期内,结构的强度不得下降到规定水平以下。

(3)破损安全多传力结构

这种结构具有多个传力途径。它把本来可以设计成一体的结构人为地分成若干部分,
其作用是把损伤控制在局部范围内,以防止在规定的检修周期内,结构在使用载荷/环境谱
作用下完全被破坏。这种结构的安全性是通过残余结构到后续检查以前的缓慢裂纹增长
来实现的。现代飞机上采用破损安全多传力结构的实例是相当多的。

【例1-1】 图 1-2 为由三块整体壁板通过铝铆钉连接组成的下翼面,使用中若任一
块壁板破裂,载荷即可通过展向铆钉传到相邻的壁板上。当然,在设计时要求铆钉的连接
强度除了负担正常的剪切载荷外,还能负担这种载荷的传递。

【例1-2】 飞机结构上有些梁的突缘由几根型材或条带组成(图 1-3),腹板也可由
两块以上的板件结合而成。这类多重受力构件当其中某一个元件被损坏后,其他元件仍能继
续工作,而且由于整个构件是由两个或两个以上元件组合而成的,其中一个元件出现疲劳裂纹
后,一般也不会立即扩展到另一个元件中,从而保证了构件具有继续承载的能力。

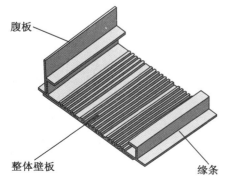

图 1-2 三块整体壁板连接组成的下翼面

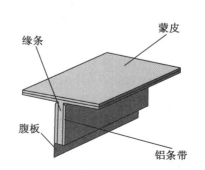

图 1-3 由几根型材或条带组成的突缘

【例 1－3】 图 1－4 是一个双重保险构件,图中所示的是机身蒙皮与框缘的连接,中间加了钛合金垫板,当框缘断裂以后,垫板可以代替框缘继续工作。

破损安全止裂结构和破损安全多传力结构,统称为破损安全结构。破损安全结构设计的核心是允许结构有一部分构件被损坏,但要求结构仍具有安全工作的能力,保持有规定的剩余强度,并且在结构全部被破坏以前,能在规定的检查周期内发现这些损伤。

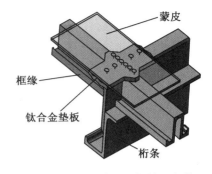

图 1－4 机身蒙皮与框缘之间的钛合金垫板

4.结构类型选用原则

在飞机结构设计中,结构类型的选择与结构的可检程度,表面结构还是内部结构,结构的可更换性,静定结构还是静不定结构,应力水平及所用材料有关。通常按如下原则选择结构类型:

(1)翻修级或基地级不可检结构和使用中不可检结构应设计成缓慢裂纹扩展结构。

(2)飞行中明显可检结构、地面明显可检结构、环视可检结构、特殊目视可检结构和翻修级或基地级可检结构,原则上设计成破损安全止裂结构或破损安全多传力结构。

(3)表面结构一般为可检结构,可考虑设计成破损安全结构。内部结构一般为不可检结构,应设计成缓慢裂纹增长结构。

(4)易更换的结构容易实现破损安全设计。不易更换的结构一般采取缓慢裂纹扩展结构。

(5)静定结构是单传力途径结构,例如,起落架支柱等不能实现多传力途径,它是单传力途径结构;又如,大展弦比直机翼双梁式结构(其根部接头为一固接和一铰接)属于静定结构。这些布局和传力形式的结构必须设计成缓慢裂纹增长结构。静不定结构增加了结构的安全度,是实现多传力途径的基础,应当尽可能设计成破损安全多传力结构或破损安全止裂结构。

(6)当选用的设计类型为缓慢裂纹增长结构时,应该特别注意应力水平和材料因素的控制。

(7)当破损安全的要求有一部分不能满足,或者进行缓慢裂纹扩展分析不复杂时,可以把多传力途径的结构看作缓慢裂纹增长结构。如图 1－5 所示的接头有多个耳片,当一个耳片(例如 A)损坏时,载荷将在其他几个耳片上重新分配,继续传力。但该接头不能看作多传力途径结构,因为如果在部位 B 处发生损伤,并且损伤扩展,将导致结构不能继续工作。保证该接头安全的唯一办法是把它看作缓慢裂纹增长结构。

(8)因为断定结构是否是破损安全结构有

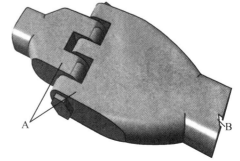

图 1－5 具有多个耳片的接头

时需要一个复杂的分析和判断过程,所以常常不管结构是什么形式的,都把它看作缓慢裂纹增长结构。

(9)对于一些特殊的结构,如气密座舱、整体油箱,其设计类型的选择应做特殊考虑。通常情况下,这一类结构不允许采用破损安全设计类型,而应采用缓慢裂纹增长设计。

5.损伤容限设计的选材原则

根据损伤容限设计原则进行飞机结构设计时,除考虑静强度和刚度的要求以外,还应该特别注意以下两个原则:①选择抗疲劳性能良好的材料;②选择裂纹扩展速率较慢的材料,因为损伤容限设计要求结构具有足够长的裂纹扩展周期,以便裂纹扩展到临界尺寸以前被检测出来。

一般来说,对于飞机结构受拉部位的构件,应尽可能选择抗疲劳性能良好和裂纹扩展速率较小的合金材料。如机翼下蒙皮、下壁板、机身气密舱等通常选用 LY12 铝合金(相当于 2024 铝合金),而不宜采用 LC4 超高强度铝合金(相当于 7075 铝合金)或强度很高的钛合金等材料。

图 1-6 给出了波音 707、727、737、747 等飞机的高强度和超高强度铝合金的布局情况。

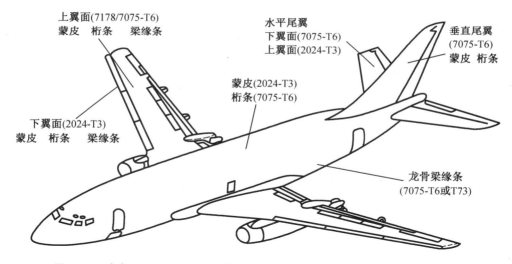

图 1-6 波音 707、727、737、747 等飞机的高强度和超高强度铝合金的布局情况

6.损伤容限设计要点

(1)尽量把结构设计成破损安全结构,如多传力途径的结构布局、静不定结构形式及组合承力结构等,但也必须具有裂纹扩展缓慢的特性。

(2)采用断裂韧度高、抗裂纹扩展性能好的材料,以保证结构有较高的剩余强度和缓慢裂纹增长特性。

(3)对于较长、较大的零构件,应考虑采用防裂纹扩展措施,如止裂孔、止裂件和结构分段等。

(4)对于易产生裂纹的主要构件,要尽量设计成可检结构;主要承力构件尽量有开敞的检查通路,以便于日常维护检查、修理和更换。

（5）对于超高强度材料的承力结构,具有较高应力集中的部位,受到剧烈振动和气流扰动的部位,以及介质环境条件恶劣易产生应力腐蚀的部位等,都要认真、细致地实现耐久性及损伤容限细节设计要求,并且在设计中尽可能采用抗断裂的工艺措施,以提高构件的抗断裂性能。

（6）合理控制结构的设计应力水平,应当综合考虑静强度、刚度、损伤容限及耐久性等方面的要求,确定合理的应力水平和质量指标。一般来说,为了发挥材料的潜力,工作应力应保持在较高的水平。但是,疲劳裂纹扩展速率是随应力水平的提高而加大的,因此,为了使疲劳裂纹扩展速率保持在一个合适的范围内,应力水平也应控制在一定的范围内。合理的应力水平需要根据实验和以往的使用经验确定。例如,现代喷气客机气密座舱的环向应力一般控制在 79 ~ 98 MPa。又如,运输机的受剪腹板不允许在 $1.35g$ 过载以下出现失稳,这是因为在正常飞行过程中,腹板失稳可能促使腹板过早出现疲劳裂纹。

7. 损伤容限设计的评估方法

（1）损伤容限评估的目的

损伤容限设计思想承认飞机结构中存在初始缺陷(裂纹或其他缺陷),允许飞机结构在使用期间出现疲劳裂纹,甚至允许某个主要受力构件被破坏。但是,这些疲劳损伤或破坏必须限制在一定的范围内,结构应仍然有足够的强度和刚度,维持正常功能,直到下次检修时发现疲劳损伤,不至于造成灾难性事故。因此,进行损伤容限评估的主要目的是确定结构损伤的扩展规律和剩余强度特性,以便达到具有足够安全性所要求的检查水平,即制定出合理的检修周期和检查方法。

（2）损伤容限评估的基本步骤

为达到上述损伤容限评估的目的,应按下列步骤进行损伤容限评估工作:

①确定进行损伤容限评估的部位;

②按规范确定构件的初始裂纹长度;

③确定构件的应力谱;

④确定损伤结构的剩余强度;

⑤ 计算裂纹扩展寿命;

⑥进行损伤容限试验,制定出合理的检修周期和检测方法。

（3）损伤容限设计部位的确定

损伤容限设计应用于所有飞行安全结构。这些结构损坏如果未被发现,可直接使飞机损毁。进行损伤容限设计的典型构件的实例有很多。例如,机翼和尾翼的操纵面、前缘缝翼、襟翼,以及它们的连接铰链和连接接头,整体加筋板,主要连接接头,主要接缝,开口或不连续处周围的蒙皮或者加强件,蒙皮－桁条组合件,翼梁缘条,翼梁腹板。又如,机身的环向框和邻近的蒙皮,门的框架,驾驶舱风挡骨架,承压隔框,开口周围的蒙皮和任何整框或者加强件,周向载荷作用下的蒙皮、蒙皮接缝,纵向载荷作用下的蒙皮、蒙皮接缝,窗口框架。使用经验表明:应特别注意重大的不连续处、主要连接件、拉力接头、接缝,以及门、窗与其他开口部位的细节设计和损伤容限评估。同时,也必须考虑到对易于出现意外损伤(例如,由与地面服务设备发生撞击而引起的损伤)的部位,或者易于腐蚀的部位进行损伤容限评估。在损伤容限评估过程中,确定了进行损伤容限评估的结构部位后,还要研究、分析和根据使用经验确定裂纹的可能起始位置、扩展类型,以及在残存结构中出现多条疲劳裂纹的可能性。

(4)初始裂纹尺寸的确定

初始裂纹尺寸的长短对计算的扩展寿命影响很大。这是因为在短裂纹阶段,裂纹扩展较慢,较小的初始裂纹尺寸差别将引起裂纹扩展寿命的较大变化。因此,对飞机结构进行损伤容限评估时,合理地确定初始裂纹长度是一件十分重要的工作。目前,通常根据无损检测能确定初始裂纹长度,或者从规范、指南中查取。另一种方法是依据结构件中初始裂纹尺寸的概率分布确定初始裂纹尺寸。

在美国军用规范 MIL - A - 8344 中,根据结构形式、裂纹类型、检测能力和经验等,规定了初始裂纹尺寸,如图 1 - 7 所示。MIL - A - 8344 要求,对于缓慢裂纹扩展结构,检测概率和置信水平分别为 90% 和 95%;对于破损安全结构分别为 90% 和 50%。因为破损安全结构的断裂可容能力较强,所以规定了一个较低的置信水平。这实际上就意味着破损安全结构的初始裂纹尺寸比缓慢裂纹扩展结构要小一些。

初始裂纹尺寸/mm		
	缓慢裂纹扩展	破损安全
a1	1.270	0.508
a2	6.370	2.540
a3	3.175	1.270

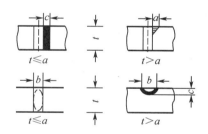

图 1 - 7 美国军用规范 MIL - A - 8344 中规定的初始裂纹尺寸

(5)应力谱的制定方法

在裂纹扩展分析中,直接使用的是随机应力谱。应力谱是针对飞机各个疲劳断裂危险部位分别建立的。它最好由有关飞行参数直接建立,也可以由相应的随机载荷谱和静态应力分析结果按一定的换算规律而得到。

(6)剩余强度的确定

损伤结构的实际承载能力称为剩余强度,也就是损伤结构在检修周期内不危及安全或降低飞行性能的承载能力。所谓危及飞行安全或降低飞行性能是指飞机结构丧失强度、丧失刚度、过度永久变形、丧失控制及颤振速度降到临界以下等。损伤结构的剩余强度随着损伤尺寸的增大而降低,如图 1 - 8 所示。剩余强度要求规定,损伤结构必须能承受两次检查间隔内(对不可检结构应在一倍设计寿命内)飞机可能碰到的最大载荷;并且必须能够成功地控制损伤扩展。依据剩余强度要求和使用要求,就可以确定出最长(或临界)裂纹尺寸,即容限裂纹尺寸。

(7)裂纹扩展寿命的计算

所谓裂纹扩展寿命是指裂纹由初始长度扩展到容限长度所经过的飞行小时数(或飞行次数)。

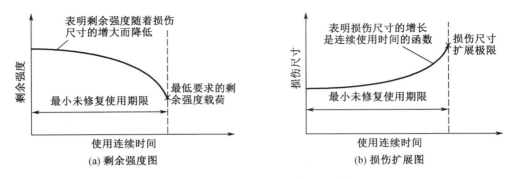

图 1-8　剩余强度和损伤扩展要求

（8）损伤容限试验

通常，损伤容限试验采用全尺寸结构进行试验。全尺寸结构是指真实结构可以是构件、部件和全机。全尺寸结构损伤容限试验可分为两种情况：

①对主要结构单独取样进行考核；

②用飞机部件或全机试验来考核主要结构。

后一种情况结合疲劳试验和耐久性试验完成，即用同一个试件来完成疲劳试验（或耐久性试验）和损伤容限试验。前一种情况视具体情况而定。

全尺寸结构损伤容限试验的主要目的：

①最终考核所研究结构的裂纹扩展寿命和剩余强度，为确定检修周期或允许的最大初始损伤提供依据；

②用于发现和排除结构可能存在的局部高应力集中区，以实现裂纹缓慢扩展。

为了确保实现可靠的断裂控制，必须对所有关系到飞机结构完整性和飞机安全的主要结构的损伤容限特性进行试验验证。不论是采用安全寿命设计，还是采用耐久性设计研制的飞机结构，均必须通过损伤容限设计与试验，以进行断裂控制。

（9）检修周期与允许的最大初始损伤

所有对飞机的完整性和飞行安全非常重要的主要结构，均必须依据损伤容限特性分析全尺寸结构试验结果，对使用可检结构给出检修周期，对使用不可检结构给出允许的最大初始损伤，以防止在给定的寿命期限内，由未被发现的缺陷、裂纹或其他损伤的扩展而造成灾难性的疲劳破坏事故。

检修周期又称未修使用的最小周期，在这个周期内假定适当水平的损伤（初始的或使用中的）保持未修并让它在结构内增长，应不会危及飞行安全和降低飞机性能。通常根据下式确定使用中可检结构的检修周期。

$$裂纹扩展试验寿命 \geqslant 检修周期 = n \cdot 检查间隔$$

上式中的检查间隔和系数 n 按结构的可检度给出，如表 1-1 所示。这里给出的结构检修周期计算公式不但适用于裂纹缓慢增长结构，也适用于破损安全止裂结构。

表 1 - 1 关于结构的检修周期

结构的可检度	典型检查间隔	未修使用的最小周期
飞行中明显可检	一次飞行	飞回基地
地面明显可检	一次飞行	一次飞行
环视可检	十次飞行	5×检查间隔
特殊目视可检	一年	2×检查间隔
翻修级或基地级可检	1/4 设计使用寿命	2×检查间隔

对于各类可检结构,全尺寸结构的裂纹扩展试验寿命应大于或等于检修周期。但这个试验寿命必须是满足结构剩余强度要求前提下的试验寿命,这样才能保证:

①在检修周期中,当含裂纹结构遇到偶然高载时结构不会发生断裂破坏,而这个高载必然不会超过预定的损伤容限载荷;

②含有规定的初始裂纹尺寸的结构,在载荷谱作用下,在结构的检修周期中,初始裂纹不会增长至裂纹容限并导致结构出现灾难性疲劳破坏。

必须指出,也可以依据结构的裂纹扩展试验寿命确定检修周期,再依据检修周期确定检查间隔。但这时检修周期与检查间隔的关系必须符合表 1 - 1 中的规定。

在确定检查方式时,应要求所研制的飞机结构需要翻修级或基地级检查的大面积无损检测降至最低限度。因此,应尽可能做到使所研制的结构允许有较大的损伤,以便通过目视检查即可发现。目视检查一般较经济且节省时间,对保障飞机安全能够起到很重要的作用。

对于使用中不可检结构,全尺寸结构的裂纹扩展试验寿命应不低于两倍设计使用寿命。即规定的初始裂纹在两倍设计使用寿命期限内,不应扩展至裂纹容限并导致结构出现灾难性疲劳破坏事故。这里所指的裂纹容限应是结构剩余强度试验验证的裂纹容限,可依据两倍设计使用寿命期限内不应扩展至裂纹容限的要求,反推出允许的最大初始损伤。但它应不小于损伤容限要求规定的初始裂纹尺寸,或按 90% 的检测概率和 95% 的置信水平要求由制造厂无损探伤试验确定的初始裂纹尺寸。

1.3 耐久性设计

1. 耐久性的含义和耐久性设计的基本要求

耐久性是指在规定的时间内,飞机结构抗疲劳开裂、腐蚀、热退化、剥离、磨损和外来物损伤作用的能力。

耐久性设计的基本要求是飞机结构应具有大于一个设计使用寿命的经济寿命。经济寿命是指结构出现大范围的裂纹,以至于修理不经济,不修理又会影响使用功能和使用时间。在经济寿命时间内,结构不会出现功能削弱或失效,例如油箱渗漏、座舱失压等。

目前,飞机结构的长寿命和低维修费用已成为飞机结构设计的重要目标,而这个目标正是通过飞机结构的耐久性设计实现的。耐久性设计是提高飞机结构耐久性和维修经济性的重要设计方法。它保证飞机结构具有最低的维修费用。

2. 耐久性细节设计方法

过去的飞机结构设计和使用经验已经表明,在飞机结构的疲劳问题中,由结构细节设计不合理造成的疲劳问题占45%。因此,合理的细节设计对于提高飞机结构寿命和降低维修费用起到关键性作用。同样,飞机结构的可靠性水平也要通过仔细控制细节设计质量和工作应力水平而获得。

耐久性细节设计方法以使用和试验为基础,是经验的总结和深化。

3. 耐久性设计的分析方法

耐久性设计从20世纪70年代初期以来,发展了三种有本质区别的方法。

(1)传统疲劳设计分析方法

国外一些大的飞机公司将此疲劳设计分析方法发展为一种快速的工程分析方法。目前,我国也开展了这种疲劳设计分析方法的研究工作,将在今后的民用飞机设计中广泛采用这种方法。

(2)确定性裂纹扩展分析方法

这种方法产生于20世纪70年代中期,借用断裂力学中的确定性裂纹扩展方法,是耐久性设计分析的一种初级方法。其主要原理是对不同裂纹长度采用不同的裂纹扩展速率方程。

(3)概率断裂力学分析方法

这种方法产生于20世纪70年代末期,目前还不成熟,尚未在民用飞机结构中得到实际应用。但是,这种方法有可能成为有前途的耐久性分析方法。

4. 耐久性试验

进行飞机结构耐久性试验的目的是通过试验确定飞机结构经济寿命。可以采用同一全尺寸结构试件进行耐久性试验和损伤容限试验。但是,应先做耐久性试验,以确定结构的经济寿命。

耐久性试验实际上是一种在使用载荷/环境谱作用下的裂纹形成与裂纹缓慢扩展寿命试验。但是,耐久性试验不允许裂纹扩展至接近裂纹容限,可依据如下判据之一来确定飞机结构的经济寿命:

(1)超过经济修理裂纹尺寸的裂纹数量迅速增加,若不修理将会产生功能上的问题而影响使用;

(2)检查和修理的维修费用迅速增加,若要修理则不经济。

1.4 耐久性设计和损伤容限设计之间的联系与区别

首先应指出,在飞机结构设计中,总是在确保飞机结构满足静强度设计和刚度设计要求的同时,还要使飞机结构满足抗疲劳设计要求,使它具有高寿命、高可靠性和低维修费用。

损伤容限设计用以保证飞机结构的安全性和可靠性,确定安全极限(即裂纹由初始尺寸扩展到临界尺寸的扩展期限)。

耐久性设计是使飞机结构具有良好的经济维修性,确定飞机结构的经济极限(即裂纹由经济上确定的初始尺寸扩展到某一经济维修尺寸时的扩展期限),提供经济寿命。

耐久性和损伤容限设计与分析必须从结构设计的打样阶段开始,并一直贯穿于整个设计阶段、试验阶段和维修阶段。特别要强调的是,民用飞机的耐久性和损伤容限技术是通过设计、制造、使用三者通力合作来实现的。事实上,耐久性和损伤容限在设计和分析评定中很难完全分开。可以这样说,损伤容限主要是确保安全性,它由制造方、使用方和适航当局控制;而耐久性主要影响使用、维修的经济性,它由竞争激烈的国际市场的要求所制约。耐久性和损伤容限的关键因素如图 1-9 所示。

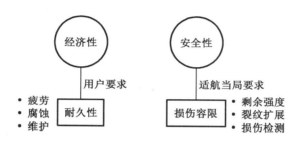

图 1-9　耐久性和损伤容限的关键因素

在飞机结构设计中,通常把飞机结构件分为损伤容限关键件和耐久性关键件:

(1)损伤容限关键件是涉及飞行安全的构件,其数量一般在 200 个左右;

(2)耐久性关键件是涉及飞机结构经济寿命的构件,不同的经济寿命要求可能涉及的构件数量不同,但一般总在上千个甚至数千个。

损伤容限设计与耐久性设计是相互联系,互相补充的。实践证明,缺乏耐久性的损伤容限结构并不能达到足够的安全性和可靠性,因为寿命后期,裂纹将会普遍发生。例如,某飞机增压舱试验中,当一条主裂纹快速扩展时,经检测发现相邻两框间铆钉孔边发生小裂纹者占 50% ~70%。另外一个理想化的算例是双重传力的破损安全结构,取检查间隔为 1/10 平均寿命,当只用到平均寿命的 1/4 以下时,在一个间隔期内双重结构都开裂的概率为 1/100;而当用到平均寿命的 1/2 时,两者都开裂的概率为 1/20;当用到平均寿命的 2 倍时,两者都开裂的概率为 1/4。这些数据鲜明地说明了破损安全原则只适用于有限的寿命期。此外,腐蚀、擦伤、老化等因素将使各传力路线几乎同步地被削弱,破损安全的作用也就被削弱。因此,损伤容限设计的可靠性保证要以耐久性为前提。

在目前的飞机结构设计中,通常把损伤容限设计与耐久性设计科学地结合起来,从而形成耐久性加损伤容限的设计思想。耐久性加损伤容限的设计思想的总目标是:

(1)提高飞机的安全可靠性;

(2)提高飞机的经济寿命。

必须指出,损伤容限与耐久性相结合的设计思想是目前航空事业发达国家在飞机结构设计上的主要设计思想。损伤容限与耐久性相结合的设计思想是从 20 世纪 50—60 年代就有的破损安全与安全寿命原则相结合的思想演变过来的。损伤容限与耐久性相结合的设计思想是以断裂力学为理论基础,以飞机设计技术为设计基础,以无损探伤技术为工程基础,以生产质量控制和使用监控为实践基础而发展起来的。飞机结构损伤容限设计与耐久性设计方法已出现多年,现在已发展成熟,达到实用阶段,已经形成了具有完整体系的设计工程系统。

第2章

疲劳破坏断口分析

材料的疲劳断裂是结构或机器零件在外载荷反复作用下产生的一种破坏现象,通常是在构件应力集中的部位形成微小的裂纹,然后逐渐扩展引起整个构件被破坏。因此,疲劳破坏是一个从裂纹形成到裂纹扩展的过程。从微观来看,疲劳破坏是从晶粒的滑移开始的,直至造成整个结构被破坏,是一个从原子尺度发展到宏观结构尺度的问题。

疲劳破坏的一般特征、断口特征和断口形貌的研究是分析结构零部件疲劳现象的基本内容之一,涉及金属物理、冶金学、材料科学、力学、机械设计和制造等学科。

2.1 交变应力与疲劳破坏

◎ 2.1.1 交变应力(交变载荷)

机件或构件承担的载荷一般随时间的变化而变化。这种变化情况可分为以下两类:

(1)周期性变化的周期载荷。例如,反复弯曲折一根铁丝(图2-1)和飞机起飞前与巡航时的机翼状态(图2-2)。

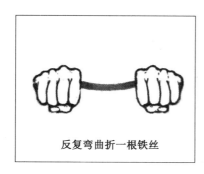

图2-1 承受交变应力的铁丝

图2-2 承受交变应力的机翼

(2)非周期性变化的随机载荷,例如,车辆在不平的道路上行驶。

周期性变化的载荷导致周期性应力,如内燃机的曲轴中某点的应力,是恒幅交变应力

[图2-3(a)];起重行车吊钩分批吊起不同的重物,吊钩承受变幅交变应力[图2-3(b)]。非周期性变化的随机载荷导致非周期性应力,例如,飞机在阵风中巡航时承受着随机交变应力[图2-3(c)]。

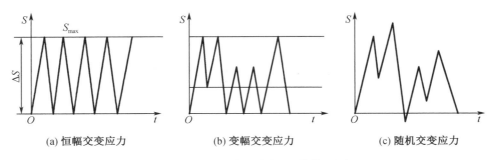

(a) 恒幅交变应力　　　　　(b) 变幅交变应力　　　　　(c) 随机交变应力

图2-3　随时间变化的应力(载荷)分类

准确地说,交变应力(交变载荷)是指应力(载荷)的大小、方向随时间做周期性或不规则改变的应力(载荷)(图2-4和图2-5)。

图2-4　承受交变应力的飞机气密舱

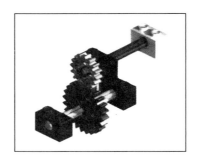

图2-5 承受交变应力的传动齿轮

◉ 2.1.2　疲劳破坏

1. 疲劳与疲劳破坏的定义

在某点或某些点承受交变应力,且在足够多的交变应力作用之后形成裂纹或完全断裂的材料中所发生的局部的、永久结构变化的发展过程,称为疲劳。

材料承受交变应力或应变时,引起的局部结构变化和内部缺陷的不断发展,使材料的力学性能下降,最终导致产品或材料的完全断裂,这个过程称为疲劳破坏。

2. 疲劳破坏的一般特征

认识疲劳破坏特征是分析、判断构件破坏的原因和性质的基础。疲劳破坏与静力破坏有着本质的区别,主要表现在以下几个方面:

(1)静力破坏大多是一次最大载荷作用下产生的破坏,而疲劳破坏是多次反复载荷作用产生的破坏,它不能在短期内发生,而是要经历一定的时间,甚至很长的时间才能产生的破坏。

（2）当构件中静应力小于材料的强度极限 σ_b 时，不会发生静力破坏。但是，构件在交变循环载荷作用下，交变应力在远小于材料的强度极限 σ_b 的情况下，就可能发生疲劳破坏。

（3）不管是脆性材料还是塑性材料，疲劳断裂在宏观上均表现为无明显塑性变形的突然断裂，故疲劳断裂常常表现为低应力脆性断裂，这一特征使得疲劳破坏具有更大的危险性。

（4）静力破坏的抗力，主要取决于材料本身；疲劳破坏则对材料特性、构件的形状和尺寸、表面状态、使用条件、外界环境等都十分敏感。

（5）疲劳破坏常具有局部性质，并不牵涉整个结构的所有构件。局部改变细节设计或工艺措施，即可较明显地增加疲劳寿命。在飞机结构维修中，由于疲劳破坏具有局部性，当发现疲劳裂纹时，一般并不需要更换全部结构，只需要修整构件损伤处，或加强构件损伤处，或更换损伤构件。

（6）疲劳破坏是一个累积损伤的过程，其断口在宏观上和微观上均有其特征。

2.1.3　疲劳的分类

1. 疲劳按零件所受应力大小和循环周数分类

（1）高周疲劳：低应力、高寿命疲劳破坏。应力较低，小于屈服极限，应力循环周数较高，一般为 $10^6 \sim 10^7$，为最常见的一种疲劳破坏，例如曲轴、弹簧等零件的断裂。

（2）低周疲劳：高应力、低寿命疲劳破坏。应力接近或等于屈服极限，应力循环周数一般为 $10^4 \sim 10^5$。例如，压力容器、高压管道、飞机起落架、核反应堆外壳等的裂纹和断裂。使用中应力很高，甚至超过材料的弹性极限，循环周数很少时就发生疲劳破坏。

就高周疲劳而言，应力一般较低，材料处于弹性范围，因此其应力与应变是成正比的。低周疲劳则不然，其应力一般超过弹性极限，产生了较大的塑性变形。正是这种宏观的塑性变形，使得低周疲劳比高周疲劳显示出了延性状态。

2. 疲劳按应力和应变分类

（1）应力疲劳；

（2）应变疲劳；

（3）复合疲劳。

在实际应用中，往往很难区分应力与应变类型，一般情况下两种类型兼而有之，这类疲劳称为复合疲劳。

3. 疲劳按载荷类型分类

（1）弯曲疲劳；

（2）扭转疲劳；

（3）拉拉疲劳；

（4）拉压疲劳；

（5）接触疲劳；

（6）振动疲劳。

前三种疲劳，往往两种或三种同时或交替存在，并且在机械运动中经常出现，是疲劳破坏的主要形式。

4. 疲劳按零件工作环境和接触情况分类

（1）大气疲劳；

（2）腐蚀疲劳；

（3）热疲劳；

（4）微动磨损疲劳；

（5）激冷疲劳。

热疲劳是由零件受热温度变化引起热应力的反复作用造成的疲劳破坏。例如，柴油机气缸套、气缸盖受热面的裂纹。腐蚀疲劳是指零件在腐蚀性介质中受到腐蚀，并在交变载荷作用下产生的疲劳破坏。

2.2 疲劳破坏的断口分析

疲劳破坏的断口分析一般包括宏观分析和微观分析。前者是指用肉眼或低倍（如25倍以下）放大镜分析断口，后者则是指用光学显微镜或电子显微镜研究断口。断口分析的宏观和微观两个方面构成了断口分析不可分割的整体，两者互相补充。宏观断口分析是最常用的断口分析，它常常是重要的全局性初步断口分析。用肉眼或低倍放大镜观察时，无法仔细观察、深入分析，以至于有时无法做出确切的判断，甚至得出错误的结论，这就需要微观分析。微观断口分析要有专门的仪器设备，且一次可观察的区域很小，常常需要在宏观分析的基础上再选定合适的部位取样进行微观分析。

典型的疲劳破坏断口按照断裂过程有三个区域，即疲劳源区、疲劳裂纹稳定扩展区及快速断裂区。图 2-6 是典型的单向弯曲（低载荷）疲劳破坏断口。

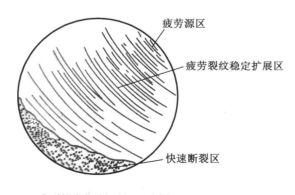

疲劳源区

疲劳裂纹稳定扩展区

快速断裂区

(a) 典型的疲劳破坏断口示意图

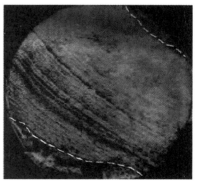

(b) 典型的疲劳破坏断口

图 2-6 典型的单向弯曲（低载荷）疲劳破坏断口

1. 疲劳源区

疲劳源[图2-7(a)]是疲劳裂纹的起点,常出现在构件表面,特别是应力集中严重的地方;构件间相互擦伤的地方也常是疲劳裂纹开始的地方。当构件内部存在缺陷(如脆性夹杂物、空洞、化学成分偏析等)时,疲劳源也可出现在构件亚表面或内部;当构件表面存在足够高的残余压应力时,疲劳源也可出现在构件亚表面。通常用肉眼或低倍放大镜就能大致断定疲劳源的位置。

疲劳源在整个疲劳断裂面中所占的比例很小,它多呈半圆形或半椭圆形[图2-7(b)]。疲劳源的数目可能是一个,也可能是多个,一般应力水平较高、应力集中系数较大时,容易出现多个疲劳源。同时,在疲劳源区,也可能存在多个疲劳核心。如果更加仔细地分析疲劳源区,则可发现在疲劳源周围,存在着以疲劳源为焦点且非常光洁和贝纹线不明显的狭小区域。这是疲劳裂纹在该区扩展速度很慢及裂纹反复张开和闭合而使断面磨光的缘故。

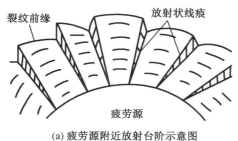

(a) 疲劳源附近放射台阶示意图　　(b) 疲劳源附近的断口形貌

图2-7　疲劳源附近放射台阶示意图及断口形貌

尽管这个区域从本质上看,应属于疲劳裂纹扩展区,但人们常习惯称它为"疲劳源区",在此区域内,常会看到以疲劳源为中心向四周辐射的放射台阶或放射状线痕[图2-7(a)]。形成这些放射台阶的原因是:裂纹前缘的扩展阻力不同,发生扩展方向上的偏离。裂纹扩展方向发生偏离后,裂纹开始在各自不同的平面上扩展,这样一来,不同断裂面相交就形成了台阶。这些台阶在断口上就构成了放射状线痕。

2. 疲劳裂纹稳定扩展区

疲劳裂纹稳定扩展区是疲劳断口最重要的特征区域,常呈贝壳状或海滩波纹状[图2.7(a)]。这是实际构件中应力在较大范围内变化时,疲劳裂纹扩展过程中留下的痕迹。它多见于低应力高周疲劳裂纹断口。此特征给疲劳失效的鉴别工作带来很大的帮助。低周疲劳裂纹断口一般观察不到此类贝壳状波纹,高强度钢通常也见不到贝壳状波纹。

在实验室做恒应力或恒应变实验时,断口也见不到贝壳状波纹,此时疲劳裂纹断口表面由于多次反复压缩、摩擦,使该区域变得光滑,呈细晶状,有时甚至光洁得像瓷质状结构。

疲劳裂纹断口的贝壳状波纹一般从疲劳源开始,向四周推进,呈弧形线条,它垂直于疲劳裂纹扩展方向。拉应力使疲劳裂纹张开,压应力使疲劳裂纹闭合,这样一来,裂纹两侧表面被反复挤压。因此,疲劳裂纹稳定扩展区是一个明亮的磨光区,愈接近疲劳源愈亮。

在疲劳裂纹扩展后期,由于有效截面不断减小,构件的实际应力不断增加,裂纹扩展速率提高,因此这种疲劳裂纹加速扩展区的断口较粗糙且不规则,可能伴有因材料撕裂而造成的台阶、小丘或弧形条带等。

3. 快速断裂区

快速断裂区,也称瞬时断裂区[图2-6(a)],它是疲劳裂纹长度达到临界尺寸后所发生的快速断裂。它的大小常和材料、应力高低、有无应力集中等因素有关。一般应力较高、材料较脆时,快速断裂区面积较大;反之,应力较低、材料韧性较大时,快速断裂区面积就较小。快速断裂区的形状特征与静载破坏的基本相同,也是分为平断部分和斜断部分,平断部分属正断裂,斜断部分属剪断裂。

2.3 交变应力与 $S-N$ 曲线

◉ 2.3.1 交变应力

交变应力即周期性变化的应力。需要特别指出的是,为区别疲劳应力(即交应变力)和疲劳强度这两个物理量,疲劳应力常用 s 表示,疲劳强度则用 S 表示。常见的交变应力变化符合正弦规律,所以可以用正弦波形描绘应力随时间变化的情况(图2-8)。应力的每一个周期性变化称为一个应力循环。在应力循环中,两个极值中代数值较大的一个称为"最大应力" s_{max},较小的一个称为"最小应力" s_{min}。最大应力和最小应力的代数平均值称为"平均应力" s_m。图2-8所示的 s_a 称为应力幅。则有

$$s_m = \frac{s_{max} + s_{min}}{2} \tag{2-1}$$

$$s_a = \frac{s_{max} - s_{min}}{2} \tag{2-2}$$

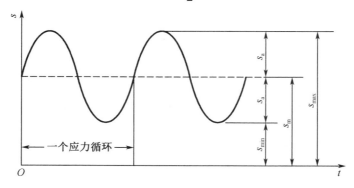

图2-8 交变应力循环

最小应力与最大应力的比值

$$R = \frac{s_{min}}{s_{max}} \tag{2-3}$$

称为"循环特征"或"应力比"。由图 2 - 8 可以看出,一个交变应力可以看成两部分应力的组合:第一部分是数值等于平均应力 s_m 的静应力,另一部分是在平均应力上下对称变化的动应力。一个交变应力的 s_{max}、s_{min}、s_m、s_a、R 五个量,只要任意给定两个量,其余三个量就能确定,一般常给出 s_{max} 与 R 或给出 s_a 与 s_m。因此,交变应力的应力水平需要用两个量(如 s_{max} 和 R)来表示。而对于静应力来说,只用一个量(应力)就可以表示。

下面介绍交变应力的几种常用的特殊情况。

(1)对称循环,即 $s_m = 0$ 的情况(图 2 - 9),此时 $s_{max} = -s_{min}$,$R = -1$。

(2)对于 $R \neq -1$ 的情况均称为"非对称循环",它有下面两种情况:

①脉动循环,即 $s_{min} = 0$ 的情况(图 2 - 10),此时 $R = 0$;

②拉 - 拉循环,即 $s_{min} \geqslant 0$ 的情况(图 2 - 8 所示就是拉 - 拉循环的情况),这时 $0 < R < 1$,如 $R = 0.1$。

(3)静载荷下的应力,此时 $s = $ 常数,即 $s_a = 0$,$s_{max} = s_{min} = s_m$,$R = 1$ 的情况。

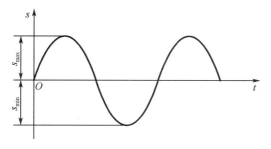

图 2 - 9　对称循环

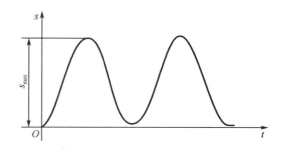

图 2 - 10　脉动循环

◉ 2.3.2　$S - N$ 曲线

在交变应力下,材料对疲劳的抗力一般用 $S - N$ 曲线与疲劳极限来衡量。在一定的应力比 R 下,使用一组标准试样,分别在不同的最大疲劳强度 S_{max} 下施加交变载荷,直至被破坏,记下每根试样破坏时的循环次数 N。以 S_{max} 为纵坐标,破坏循环次数 N 为横坐标做出的曲线,就是材料在指定应力比 R 下的 $S - N$ 曲线。例如,钢的 $S - N$ 曲线如图 2 - 11 所示。

从 $S - N$ 曲线可以看出,材料的疲劳强度与表示静强度明显不同:表示材料的静强度只需用单一的应力量 σ_b 即可,当应力达到 σ_b 时,材料就会被破坏;但对材料的

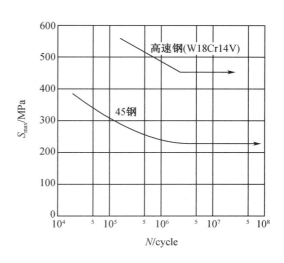

图 2 - 11　钢的 $S - N$ 曲线

疲劳强度却不然,仅提最大应力 s_{max} 达到某一数值材料就会被破坏是不行的,必须指出对应于破坏循环次数 N 时材料被破坏的最大疲劳强度 S_{max} 值。在一般文献中,把对称循环下某一指定循环次数 N 对应的 S_a 值,称为指定循环数 N 下的"疲劳强度",只有给出 S、N 两个量才能表示材料的疲劳强度。N 不同,S 也随之不同,所以要想全面地反映材料在交变应力下对疲劳的抗力,必须做出材料的 $S-N$ 曲线。

试验表明,一般钢和铸铁等的 $S-N$ 曲线均存在水平渐近线:$S_{max}=S_R$(图 2 – 12)。这就意味着,当 $S_{max}>S_R$ 时,试样经受有限次循环就会发生破坏;当 $S_{max}<S_R$ 时,试样能经受无限次循环而不发生破坏。S_R 就称为材料在指定应力比 R 下的"疲劳极限"。当 $R=-1$ 即对称循环时,疲劳极限为 S_{-1},所以一般手册中给出的疲劳极限常常是指 $R=-1$ 时的疲劳极限,用 S_{-1}表示。试验指出,对钢材来说,只要经过 10^7 次的循环仍不被破坏,则实际上它可以承受无限次

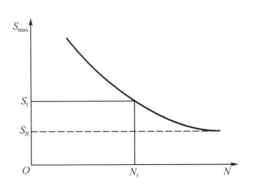

图 2 – 12　几种金属材料 $S-N$ 曲线

循环。然而,有色金属及其合金 $S-N$ 曲线一般不存在水平渐近线(图 2 – 13),于是常常以一定的破坏数 N(如 10^7 次的循环)所对应的 10^7 作为"条件疲劳极限"。

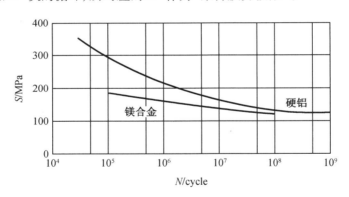

图 2 – 13　有色金属及其合金 $S-N$ 曲线

为了摸索 $S-N$ 曲线的变化规律,人们做了不少工作。但是,由于各种材料的 $S-N$ 曲线的形状有很大的差异,特别是对铝合金材料,即使是同类型材料的 $S-N$ 曲线,也常常差别很大,因此,寻求统一的 $S-N$ 曲线的近似表达式有很大的困难。目前,用来近似表达 $S-N$ 曲线的经验公式一般有 4 种,现分述如下:

1. 幂函数表达式

$$s_a^m N = C \tag{2-4}$$

式中,m 和 C 是两个常数,与材料性质、试样形式和加载方式等有关,由试验确定。式(2 – 4)表示在给定应力比 R 或平均应力 s_m 的条件下,应力幅 s_a 与寿命 N(即循环次数)之间的幂函数关系。将上式两端取对数,则有

$$m \lg s_a + \lg N = \lg C$$

$$\lg N = \lg C - m\lg s_a \tag{2-5}$$

可见，幂函数表达式相当于在双对数坐标中，$\lg s_a$ 与 $\lg N$ 呈线性关系。式(2-4)也常用于表达 s_{max} 与 N 之间的关系，即

$$s_{max}^{m} N = C \tag{2-6}$$

2. 指数函数表达式

$$e^{ms_{max}} N = C \tag{2-7}$$

式中，e 是自然对数的底；m 和 C 是由试验确定的两个材料常数。式(2-7)表示在给定应力比 R 或平均应力 s_m 的条件下，最大应力 s_{max} 与寿命 N 之间的指数函数关系。将式(2-7)两端取对数，可得

$$\lg N = \lg C - ms_{max}\lg e \tag{2-8}$$

指数函数表达式相当于在单对数坐标中 s_{max} 与 $\lg N$ 呈线性关系。

3. 三参数幂函数表达式

$$(s_{max} - S_0)^m N = C$$

或

$$s_{max} = S_{\infty}\left(1 + \frac{A}{N^a}\right) \tag{2-9}$$

式中，S_0、m、C、A、a 和 S_{∞} 均为材料常数，且它们之间存在以下关系：$C = (A \cdot S_{\infty})^{1/a}$，$m = 1/a$，$S_0 = S_{\infty}$。$S_0$ 和 S_{∞} 相当于 $N \to \infty$ 时的疲劳强度 s_{max}，可近似代表疲劳极限。

4. 四参数幂函数表达式

$$\frac{S_u - S_0}{s - S_0} = 10^{C(\lg N)^m} \tag{2-10}$$

式中，S_0、m、C 和 S_u 均为材料常数（其中，m 为形状参数；S_0 为拟合疲劳极限；S 为拟合屈服极限）。式(2-10)具有如下物理性质（图2-14）：当 $N = 1$ 时，$S = S_u$；当 $N = \infty$ 时，$S = S_0$；疲劳寿命 N 随疲劳应力 s 变大而缩短，S 越大，N 越短。

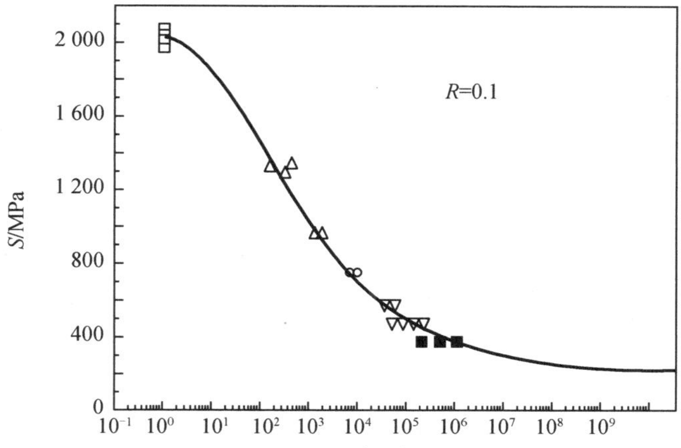

图2-14 全寿命范围四参数 $S-N$ 曲线

幂函数式(2-4)、式(2-6)和指数函数表达式(2-7)只限于表示中等寿命区 $S-N$ 曲线；而三参数幂函数表达式(2-8)和式(2-9)可表示中、长寿命区 $S-N$ 曲线，并且后者有三个待定常数，拟合精度要比前面三式高；四参数幂函数表达式(2-10)则可表示全寿命范围 $S-N$ 曲线，并且后者有 4 个待定常数，可以更精确地拟合各数据点。显然，它具有较大优越性。

2.4　安全寿命设计等寿命曲线与广义 $S-N$ 曲面

如前所述，对某一种材料，在一定的应力比下，利用一组试样进行疲劳试验，可以得到一条 $S-N$ 曲线。当改变应力比 R 时，材料的 $S-N$ 曲线也发生变化。如给出若干个应力比数值，即可得到该材料对应于不同应力比 R 的 $S-N$ 曲线簇。图 2-15 即为某铝合金板材不同应力比 R 下的 $S-N$ 曲线簇，如在 $N=10^7$ 处作一垂直线(图 2-15 中虚线)，该线与各 $S-N$ 曲线交点的纵坐标 S_{max}，表示在指定寿命 10^7 时各应力比下的疲劳强度。根据每一应力比 R 及其对应的 S_{max}，可计算出 S_{min} 和 S_m。S_{max} 与 S_{min} 为纵坐标，S_m 为横坐标，可绘出等寿命疲劳曲线——古德曼图(图 2.16)。曲线 AB 表示最大疲劳强度 S_{max}，曲线 $A'B$ 表示最小疲劳强度 S_{min}。

在对称循环条件下，$S_m=0$。此时，$S_{max}=-S_{min}=S_{-1}$，对应着图 2-16 中的点 A 和点 A'。在静载荷条件下，$S_{max}=S_{min}=S_m=\sigma_b$，对应着图 2-16 中的点 B。若用直线连接点 O 和点 B，则直线 OB 为一倾斜角为 $45°$ 的直线。因此，曲线 AB 和 $A'B$ 与直线 OB 所夹的垂直线均为 s_a，s_a 就是破坏时的应力值。从图 2-16 可以看到平均应力对疲劳强度的影响：要达到同样的寿命，随着 S_m 的增加，S_{max} 增加，而应力幅 S_a 却要减小。曲线 AB 和 $A'B$ 所包围的面积，表示在 10^7 循环内不发生疲劳破坏的交变应力范围。

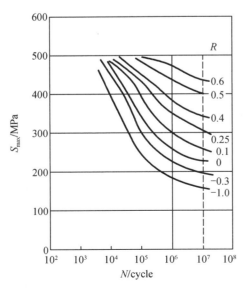

图 2-15　某铝合金板材不同应力比
　　　　　R 下 $S-N$ 曲线簇

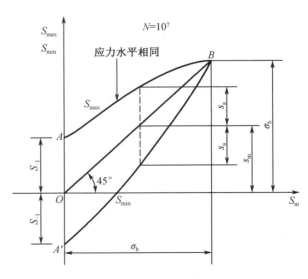

图 2-16　古德曼图

习惯上,常常将等寿命曲线绘成图 2 - 17 的形式,图中 s_a 为纵坐标,s_m 为横坐标,点 A 表示对称循环的情况,点 B 表示静载荷的情况。一般来说,平均应力 s_m 为压应力(s_m 为负值)时,s_a 值较大(图 2 - 17 中虚线),这表示平均应力为压应力时,材料对抗疲劳破坏比平均应力为拉应力时有利。按照以上步骤,分别指定不同的寿命 N(如 $10^5, 10^6, 10^7$ 和 ∞),就可以得到一簇等寿命曲线(图 2 - 18)。

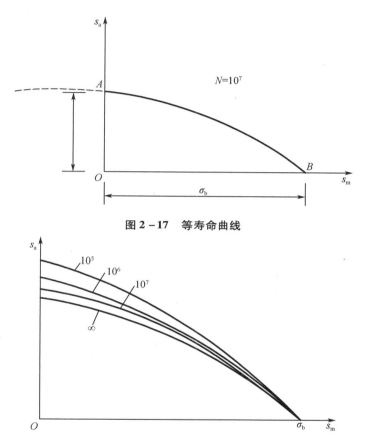

图 2 - 17　等寿命曲线

图 2 - 18　不同疲劳寿命 N 对应的等寿命曲线

目前,已有很多公式或作图法,用来表达图 2 - 18 所示的等寿命曲线。常用的经验公式有:

（1）Goodman 直线方程:

$$\frac{s_a}{S_{-1}} + \frac{s_m}{\sigma_b} = 1 \tag{2-11}$$

式中,σ_b 为材料的拉伸强度极限;S_{-1} 为对称循环载荷下材料的疲劳极限。

（2）Gerber 抛物线方程:

$$\frac{s_a}{S_{-1}} + \left(\frac{s_m}{\sigma_b}\right)^2 = 1 \tag{2-12}$$

（3）Soderberg 直线方程:

$$\frac{s_a}{S_{-1}} + \frac{s_m}{\sigma_a} = 1 \tag{2-13}$$

式中,σ_a 为材料的拉伸屈服极限。

（4）Серенсен 折线方程：

$$\frac{s_a}{S_{-1}} + \left[\left(\frac{2}{S_0} - \frac{1}{S_{-1}} \right) s_m \right] = 1 \qquad (2-14)$$

式中,S_0 为脉动循环载荷下材料疲劳极限。

（5）Bagci 四次方程：

$$\frac{s_a}{S_{-1}} + \left(\frac{s_m}{\sigma_b} \right)^4 = 1 \qquad (2-15)$$

在这 5 种等寿命曲线中,Soderberg 直线对大多数情况偏于保守;Bagci 四次方程对大多数情况偏于危险;Goodman 直线适用于脆性材料,对延性材料偏于保守;Gerber 抛物线适用于延性材料,但由于它是非线性关系,因此使用起来没有直线方便;Серенсен 折线与数据吻合较好,但它必须在已知脉动循环疲劳极限的情况下才能使用。研究表明,大多数材料与上述 5 种等寿命曲线并不符合,其幂指数与上述 5 种等寿命曲线幂指数不同,有些材料幂指数大于 1 小于 2,有些则大于 2 小于 4,因此,材料不同,其疲劳等寿命曲线幂指数也不同,即材料疲劳等寿命曲线幂指数是随材料而变化的参数。由此,根据上述 5 种等寿命曲线,归纳出适合各种材料的等寿命曲线普遍式：

$$\frac{s_a}{S_{-1}} + \left(\frac{s_m}{\sigma_b} \right)^m = 1 \qquad (2-16)$$

式中,S_{-1}、σ_b 和 m 为材料常数,由疲劳试验数据拟合得到。σ_b 为材料拉伸强度极限;S_{-1} 为对称循环载荷下材料的疲劳极限。疲劳极限曲线拟合方程（2-16）称为广义疲劳等寿命曲线。

在进行疲劳寿命估算时,图 2-15 所示的不同应力比 R 下的 $S-N$ 曲线簇是重要的基本数据,但它的获得却需要进行大量的疲劳试验。如果受试验条件限制而不能进行大量疲劳试验的话,就可以采用通过等寿命曲线反推 $S-N$ 曲线簇的方法。首先,先取得对应于几个寿命,如取 10^4,10^5,10^6 和 10^7 下的等寿命曲线,为此可以参考同类型材料的等寿命曲线的变化规律,选择经验公式（如式（2-11）或式（2-12））,这样只要进行对称循环疲劳试验,取得对应于几个寿命 N 的疲劳强度（S_{-1}）值,就能利用经验公式做出这几个寿命下的如图 2-15 所示形式的等寿命曲线。然后,对于一个给定的应力比 R,由 $R = S_{min}/S_{max}$ 可得 $s_a/s_m = (1-R)/(1+R)$,因此,可以按如下方法确定几个指定寿命 N 对应的 S_{max}（即 S）值。

给定任意值 R,在一个指定寿命 N 的等寿命曲线图上,作一斜率为 $(1-R)/(1+R)$ 并过原点的直线,这条直线上各点的应力比均为 R,该直线与等寿命曲线的交点坐标若为 s_a、s_m,那么 $S = s_a + s_m$ 就是该给定应力比 R 下对应于该指定寿命 N 的 S 值。有几个指定寿命下的等寿命曲线,就能同样得到几个对应的 S 值,于是,在此给定的应力比 R 下的 $S-N$ 曲线就有几个点,根据这几个点就可以绘出一条曲线。每改变一个应力比,都可按上述步骤绘出一条 $S-N$ 曲线,这样就得到了材料对应于各种不同应力比的 $S-N$ 曲线簇。

在疲劳寿命估算中,有时还用到平均应力 s_m 不变情况下的 $S-N$ 曲线。如果有了几条指定寿命下的等寿命曲线,那么在每一条等寿命曲线上,由指定的 s_m 查出 S_{max},由此得到若

干个 (S,N) 点，$S-N$ 曲线就很容易做出了。

材料或构件高周疲劳性能试验，一般在指定应力均值 s_m 或应力比 R 下进行，测定出的 $S-N$ 曲线可由三参数幂函数公式 (2-9) 表示。当应力均值 $s_m = 0(R = -1)$ 时，最大应力 s_{max} 即为对称循环时的疲劳强度 S_{-1}，因此，式 (2-9) 可写成

$$(S_{-1} - S_0)^m N = C$$

又知古德曼图表达式为

$$s_a = S_{-1}\left(1 - \frac{s_m}{\sigma_b}\right)$$

由以上二式消去 S_{-1} 即得

$$\left(\frac{\sigma_b}{\sigma_b - s_m}s_a - S_0\right)^m N = C \qquad (2-17)$$

由此可见，上式描述了应力幅值 s_a、应力均值 s_m 与疲劳寿命 N 之间的关系，在三维坐标系中，即构成 $s_a - s_m - N$ 曲面。由于 $s_a - s_m - N$ 曲面由 $S-N$ 曲线推广得来，故称之为广义 $S-N$ 曲面。

习题

2.1 什么是疲劳现象、疲劳应力？

2.2 什么是宏观断口分析、微观断口分析？断口分析有什么意义？疲劳断口与单调拉伸载荷作用下破坏断口有哪些不同？在什么情况下用肉眼观察到的疲劳断口与单调拉伸载荷作用下的断口相似？

2.3 什么是疲劳寿命曲线（$S-N$ 曲线）、高周疲劳和低周疲劳？

2.4 几种金属材料在 $R = -1$ 下的 $S-N$ 曲线如图 2-19 所示，求下述各种情况下的平均疲劳寿命或工作应力。

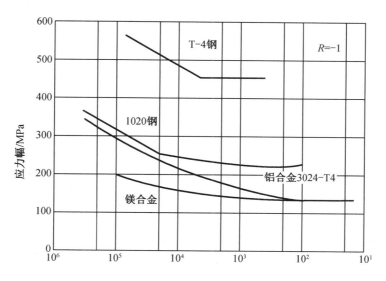

图 2-19 几种金属的 $S-N$ 曲线

第3章
影响疲劳强度的因素及改进措施

  结构在一定的载荷作用下会发生破坏,这是静强度和疲劳强度都存在的问题,但是两者的载荷条件和破坏情况却有区别,应力集中、腐蚀和温度等对材料的静强度和疲劳强度都有影响,但是影响的情况和程度不一样。零件表面的光洁度和零件尺寸对零件的静强度没有什么明显的影响,但是对于零件的疲劳强度则影响明显。此外,疲劳强度还受加载频率和擦伤等因素的影响,而在静强度中并不存在这类问题。通过长期的生产实践和科学试验,人们对影响疲劳强度的很多因素有了一定的认识。研究发现,影响材料或结构疲劳强度的因素很多(表3 – 1),本章将简要讨论工程中常遇到的影响疲劳强度的一些因素。

表3 –1 影响疲劳强度的因素

工作条件	载荷特性(应力状态、循环特征、高载效应等),载荷交变频率,使用温度,环境介质
零件几何形状及表面状态	尺寸效应,表面光洁度,表面防腐蚀,缺口效应
材料本质	化学成分,金相组织,纤维方向,内部缺陷
表面热处理及残余内应力	表面冷作硬化,表面热处理,表面涂层

3.1 缺口效应

  由于构造上的需要,许多零件的外形常有沟槽(如螺纹、卡环槽、键槽等)、孔(如油孔、销钉孔等)及轴肩(截面尺寸由粗到细的过渡)等,造成了零件截面尺寸的剧烈改变。在外力作用下,在截面突变的局部区域,应力急剧增加,而离开这个区域,应力却大为降低,这种现象称为"应力集中"。如图3 – 1(a)所示中间带有小圆孔的薄板,在外力 F 作用下产生拉应力,在离孔较远的截面上,其应力均匀分布;但在截面 A—A 上,靠近孔边缘的小范围内,应力则很大。又如图3 – 1(b)所示带轴肩的阶梯轴,受到弯矩 M 的作用,在离轴肩较远的截面 A—A 上,其应力按直线分布,可按材料力学中的弯曲应力公式进行计算;但在轴肩处截面 B—B 上,其局部的最大应力 σ_{max} 要比 A—A 处的最大应力大得多,这些都是应力集中的现象。

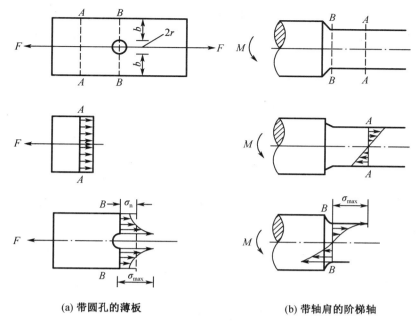

(a) 带圆孔的薄板　　　　　　　(b) 带轴肩的阶梯轴

图 3 - 1　应力集中示意图

对于图 3 - 1(a)所示薄板,若板厚为 δ,在 F 作用下,截面 $B—B$ 的名义应力(即平均应力)

$$\sigma_n = \frac{F}{2b\delta}$$

其最大应力为 σ_{max}。通常把 σ_{max} 与 σ_n 的比值称为理论应力集中系数,用 K_t 来表示,即

$$K_t = \frac{\sigma_{max}}{\sigma_n}$$

对于不同的零件,在不同的载荷作用下,由应力集中所引起的局部最大应力可通过弹性力学计算方法或光弹性实验得到,而名义应力 σ_n 则可按材料力学常规的计算方法得到,这样就可求得 K_t 值,K_t 值一般以图表或曲线形式给出。

应力集中对疲劳强度的影响极大,并且是各种影响因素中起主要作用的因素。大量的破坏事件和试验研究都曾指出,疲劳源总是出现在应力集中处。英国空军飞机螺旋桨曾发生的大量的破坏事故,就是由螺旋桨轴的应力集中所引起的。"彗星 - Ⅰ"机身气密座舱的破坏,也是由铆钉孔处的应力集中所致。一般电机或发动机的疲劳裂纹,都出现在有高度应力集中的尖锐圆角或键槽处。齿轮发生的疲劳破坏,也是由于作为悬臂梁的轮齿承受弯曲时,齿根处存在很高的局部应力作用。

应力集中大大降低了零件的疲劳强度。这是因为在交变应力作用下,应力集中将更加促使疲劳裂纹的形成和扩展。因此,有应力集中的零件的疲劳极限比无应力集中的光滑试样的疲劳极限要低,降低的倍数称为有效应力集中系数,用 K_f 来表示。设 $(S_{-1})_d$ 是对称循环下,应力集中大试样的疲劳极限,$(S_{-1})_d^K$ 表示对称循环下,光滑大试样的疲劳极限,则有效应力集中系数等于

$$K_f = \frac{(S_{-1})_d}{(S_{-1})_d^K} \tag{3 - 1}$$

显然，K_f 大于 1，其值由试验决定。我国和苏联的文献中，常将有效应力集中系数称为疲劳缺口系数。弯曲或拉－压时的有效应力集中系数用 K_σ 表示，扭转时的有效应力集中系数用 K_τ 表示，即

$$K_\sigma = \frac{(\sigma_{-1})_d}{(\sigma_{-1})_d^K} \tag{3-2}$$

$$K_\tau = \frac{(\tau_{-1})_d}{(\tau_{-1})_d^K} \tag{3-3}$$

式中，$(\sigma_{-1})_d^K$ 和 $(\tau_{-1})_d^K$ 分别表示在对称循环下，光滑大试样弯曲和扭转时的疲劳极限；$(\sigma_{-1})_d$ 和 $(\tau_{-1})_d$ 分别表示在对称循环下，应力集中大试样弯曲和扭转时的疲劳极限。图3－2表示有横孔的长方形板在拉－压和弯曲下的有效应力集中系数，曲线 1 表示拉压，曲线 2 表示弯曲，σ_b 为抗拉强度。

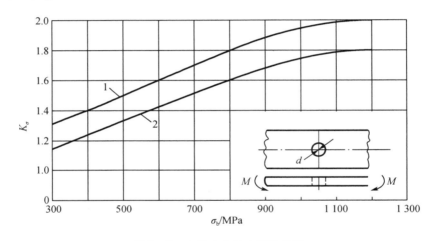

图 3 - 2　有效应力集中系数曲线

图3－3、图3－4和图3－5分别表示钢制阶梯状圆轴，在对称循环下的弯曲、拉－压及扭转有效应力集中系数曲线。由图中所示曲线可知：

（1）钢的抗拉强度 σ_b 愈高，则有效应力集中系数 K_σ 及 K_τ 值愈大。可见，高强度钢的 K_σ 及 K_τ 值比低碳钢大，所以应力集中对高强度钢的疲劳极限影响较大。

（2）对于给定的直径 d，圆角半径 r 愈小，则应力集中愈严重。

（3）对于抗拉强度 σ_b 为 500～1 200 MPa 的钢材，可按内插法求 K_f。

（4）图中所示曲线只适用于 $D/d = 2$，$d = 30～50$ mm 大试样的情况。当 $D/d < 2$ 时，有效应力集中系数按下式折算：

$$K_\sigma = 1 + \xi(K_{\sigma 0} - 1) \tag{3-4}$$

$$K_\tau = 1 + \xi(K_{\tau 0} - 1) \tag{3-5}$$

式中，$K_{\sigma 0}$ 和 $K_{\tau 0}$ 都是 $D/d = 2$ 时的有效应力集中系数；ξ 为 $D/d < 2$ 时的折算系数，其值随 D/d 的值而变，具体数值可从图3－6曲线中查出。

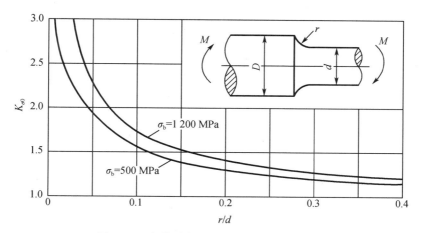

图 3 – 3　弯曲时有效应力集中系数 $K_{\sigma 0}$ 曲线

（$D/d = 2$，$d = 30 \sim 50$ mm）

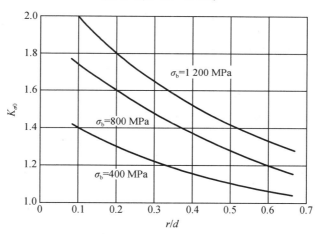

图 3 – 4　拉 – 压时有效应力集中系数 $K_{\sigma 0}$ 曲线

（$D/d = 2$，$d = 30 \sim 50$ mm）

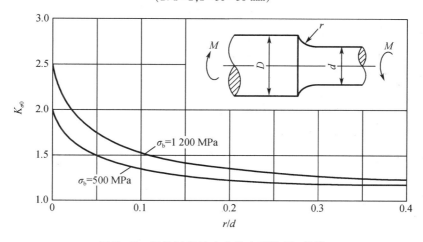

图 3 – 5　扭转时有效应力集中系数 $K_{\sigma 0}$ 曲线

（$D/d = 2$，$d = 30 \sim 50$ mm）

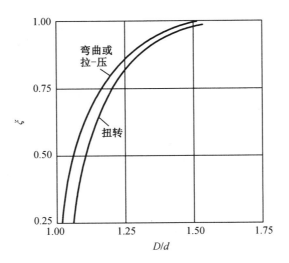

图 3 - 6　*D/d* < 2 时折算系数 *ξ* 曲线

【例 3 - 1】　已知某矿车车轮轴为合金钢制造,其材料的抗拉强度 $\sigma_b = 900$ MPa。如图 3.7 所示,$D = 44$ mm,$d = 40$ mm,圆角半径 $r = 2$ mm,试确定此轴在弯曲对称循环时的 K_σ 值。

解:

(1)车轴尺寸的几何关系

$$\frac{D}{d} = \frac{44}{40} = 1.1$$

$$\frac{r}{d} = \frac{2}{40} = 0.05$$

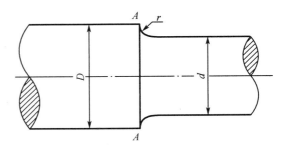

图 3 - 7　矿车车轮轴示意图

(2)由图 3 - 3 中曲线可查得 $D/d = 2$,$r/d = 0.05$ 时的 $K_{\sigma 0}$ 值。

对于 $\sigma_b = 500$ MPa 的钢,$K_{\sigma 0} = 1.90$;

对于 $\sigma_b = 1\,200$ MPa 的钢,$K_{\sigma 0} = 2.25$;

对于 $\sigma_b = 900$ MPa 的钢,可用内插法求得

$$K_{\sigma 0} = 1.90 + \frac{900 - 500}{1\,200 - 500} \times (2.25 - 1.90) = 2.10$$

(3)由图 3 - 6 中曲线可查得 $D/d = 1.1$ 时的折算系数 $\xi = 0.65$。

(4)将上述结果代入式(3 - 4),即可求得该圆轴的有效应力集中系数。

$$K_\sigma = 1 + \xi(K_{\sigma 0} - 1) = 1 + 0.65 \times (2.10 - 1) = 1.72$$

零件外形改变的形式不同,其有效应力集中系数也不同。关于其他形式(如油孔、键槽及螺纹)的有效应力集中系数值,可查阅有关的设计手册。下面补充说明两个问题:敏感系数 q 和力流线。

现在来研究理论应力集中系数 K_t 与有效应力集中系数 K_f 之间的关系。对于塑性较好

的材料(如低碳钢),其 K_f 低于 K_t,但对塑性较差的材料(如高碳钢),则 K_f 一般都接近于 K_t。这是因为塑性材料在局部应力达到屈服应力时,这些局部地区将产生塑性变形,从而降低了应力集中的危害性。为了对 K_f 和 K_t 做数值上的评价,常常引用敏感系数 q,即

$$q = \frac{K_f - 1}{K_t - 1}$$

或

$$K_f = 1 + q(K_t - 1)$$

敏感系数 q 在 $0 \sim 1$ 变化。当应力集中对疲劳强度只有微小的影响时,K_f 应接近于 1,由上式可得 $q = 0$,说明试样对应力集中没有敏感性。当 K_f 接近于 K_t 时,$q = 1$,表示试样对应力集中非常敏感。敏感系数 q 不但与材料的类型有关,而且与试样的尺寸有关。

对于钢材,敏感系数的值可采用下述经验公式确定:

$$q = \frac{1}{1 + \sqrt{\dfrac{A}{R}}} \tag{3-6}$$

式中,R 为缺口(如沟槽及圆孔)的曲率半径;$\sqrt{A}$ 为材料常数,其值与材料的抗拉强度 σ_b 以及屈服应力与抗拉强度(强度极限)的比值(屈强比)σ_s/σ_b 有关(图 3-8)。图 3-8 有两个横坐标,一个为抗拉强度 σ_b,另一个为屈强比 σ_s/σ_b。当需求 q 时,可分别根据抗拉强度与屈强比由该图求出两个 $\sqrt{A}$ 值,然后将二者的平均值代入式(3-6)即可确定 q。

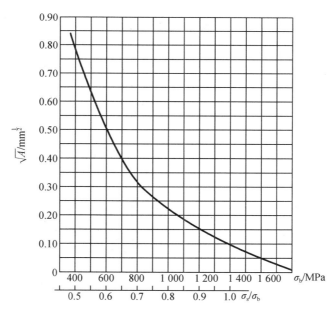

图 3-8　材料的 σ_s/σ_b-$\sqrt{A}$ 曲线

对于铝合金,估算敏感系数的经验公式则为

$$q = \frac{1}{1 + \dfrac{0.9}{R}} \tag{3-7}$$

由图 3-3 至图 3-5 可以看出,圆角半径 r 愈小,有效应力集中系数 $K_{\sigma 0}$ 和 $K_{\tau 0}$ 愈大;材料的静强度极限 σ_b 愈高,应力集中对疲劳极限的影响愈显著。所以,对于在交变应力下工作的零构件,尤其是用高强度材料制成的零构件,设计时应尽量减小应力集中。例如,增大圆角半径、减小相邻杆段横截面的粗细差别、采用凹槽结构[图 3-9(a)]、设置卸载槽 [图 3-9(b)],将必要的孔或沟槽配置在构件的低应力区,等等。这些措施均能显著提高构件的疲劳强度。

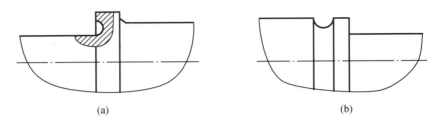

(a)   (b)

图 3-9   降低应力集中的措施示意图

为了便于直观地分析和判断应力集中的大小,可借助于力流线的概念。在研究圆轴横剖面带有半圆槽的应力集中问题时[图 3-10(a)],应用"流体力学比拟"非常有效。如将圆轴外形看成流体的边界,则等剖面杆的扭转问题,在数学上与理想流体在圆筒内绕中心做均匀角速度运动的情况相似。如图 3-10(a)所示,小半圆槽会使其附近的流体速度大大改变,在 a、b 点流速为零;相应地,在圆轴这两点上的剪应力亦为零。流体在半圆槽内侧的 m 点速度提高了 1 倍,相应地,在 m 点处的剪应力为轴表面上离槽很远处的剪应力的 2 倍。

对于带有尖角键槽的受扭圆轴[图 3-10(b)所示],由流体力学比拟可知,在凸角上的两点 a、b,流体速度为零,故在这些角上剪应力亦为零。在凹角上的两点 m、n 流体速度在理论上无限大,因此,在 m、n 处的剪应力也是无限大的。这意味着即使受到很小的反复扭矩,也容易引起疲劳破坏。为了改善这种状况,应将 m、n 处制成圆角。

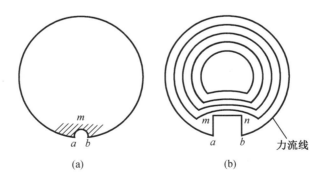

(a)   (b)

图 3-10   带有沟槽的圆轴横截面力流线

流体力学比拟这一概念,也可应用到受拉的板件(图 3-11)。在图 3-11 中画出了比拟流体运动的"力流线",图 3-11(a)表示受拉的光滑板件的力流线。从图 3-11(b)和(c)可以看到,在剖面突然改变处 m、n,"力流线"有显著的歪曲,表示这些地方有严重的应力集中。如将板件 m、n 处制成圆角[图 3 – 11(d)]，则力流线在该处的变化趋于缓和，从而使应力集中大大降低，力流线的变化愈小，局部应力也愈小。在疲劳设计时，应用力流线的概念，对分析问题和解决问题会有很大帮助。

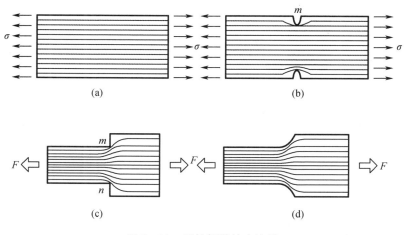

图 3 – 11　受拉板件的力流线

3.2　尺寸效应

实验证明，疲劳极限随零件尺寸的增大而降低。如图 3 – 12 所示为两个圆柱形试样，承受弯矩 M 的作用。若两个试样的最大应力 σ_{max} 相同，对某一高应力区域来说，大试样在此应力区域内的金属结晶颗粒数，要大于小试样在此应力区域内的金属结晶颗粒数。对疲劳强度来说，至少要有一定数量的晶粒达到某一应力极限值时，才会产生疲劳裂纹。所以大试样产生的疲劳裂纹可能性大，大试样疲劳极限低。

另一方面，高强度钢的金属结晶颗粒比较细小，在尺寸相同的情况下，晶粒越小，高应力区所包含的晶粒个数越多，这样就更容易形成出现疲劳裂纹的条件。因此，高强度钢受尺寸的影响比低强度钢大。

尺寸大小的影响可由对比试验测得。设对称循环下，光滑大试样的疲劳极限为 $(S_{-1})_d$，光滑小试样的疲劳极限为 S_{-1}，则两者的比值称为尺寸系数，用 ε 表示，即

$$\varepsilon = \frac{(S_{-1})_d}{S_{-1}} \tag{3 – 8}$$

由于 $(S_{-1})_d < S_{-1}$，因此 ε 总是一个小于 1 的系数。图 3 – 13 绘出了零件尺寸系数 ε 的曲线，曲线 1 适用于 $\sigma_b = 500$ MPa 的合金钢，曲线 2 适用于 $\sigma_b = 1\ 200$ MPa 的合金钢，σ_b 的值介于 $500 \sim 1\ 200$ MPa 时，可从两曲线间取插值。这些曲线是根据旋转弯曲试验得到的，也可以近似地应用于扭转的情况。对于轴向拉压，可取 $\varepsilon = 1$，表示不受尺寸影响。由这些曲线可以明显地看到疲劳极限的降低程度，以及高强度钢受尺寸的严重影响。

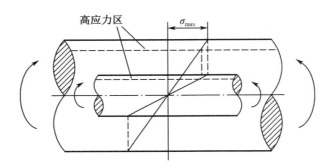

图 3 – 12　两个圆柱形试样

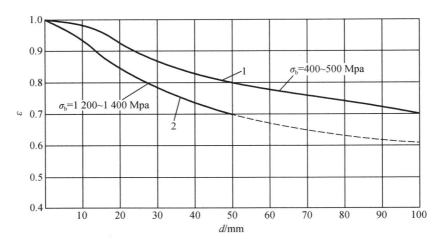

图 3 – 13　零件尺寸系数 ε 的曲线

3.3　表面加工及表面处理

表面光洁度对疲劳强度有很大的影响,零件经加工后所造成的表面缺陷,是引起应力集中的因素,因而降低了疲劳强度。表面加工对疲劳极限的影响,可用表面加工系数 β_1 表示。β_1 表示某种加工试样的疲劳极限与标准试样的疲劳极限的比值,它是一个小于 1 的系数,表示疲劳极限降低的百分数。图 3 – 14 绘出了钢材在不同的表面加工方法下,β_1 与静强度 σ_b 之间的关系。从图中可知,表面加工系数 β_1 随材料强度的增大而减小,也就是说,材料的强度越高,加工光洁度对疲劳极限的影响越大。因此,要特别注意,钢材的强度越高,越要合理加工,保证足够的光洁度,以充分发挥高强度钢的作用。

金属零件在腐蚀介质(淡水或海水)中工作时,会被腐蚀而形成粗糙表面,这将促使其产生疲劳裂纹,降低零件的疲劳极限。零件在腐蚀介质中的疲劳极限与相同零件在干燥空气中的疲劳极限的比值称为腐蚀系数,用 β_2 表示。图 3 – 15 表示弯曲对称循环时,钢在淡

水与海水中 β_2 的值。由图可知, β_2 亦是小于1的系数。钢的抗拉强度 β_2 越大,则腐蚀对疲劳极限的影响也越大。

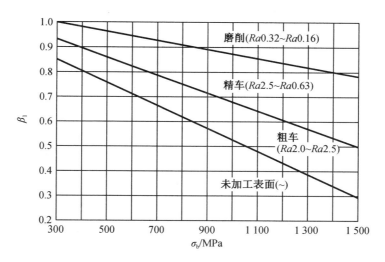

图3-14　表面加工系数曲线

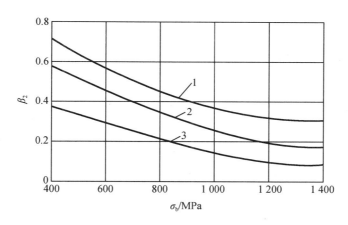

1—淡水无应力集中;2—淡水有应力集中;3—海水有应力集中。

图3-15　腐蚀系数曲线

　　疲劳裂纹多发生于零件表面,将零件表面加以强化能提高其疲劳强度。生产上常用的表面强化方法有表面热处理、表面喷丸(即以高速钢丸冲击零件表面)等。采用喷丸的方法可以显著地提高零件的疲劳极限。如我国从苏联进口的 РД-95 发动机,其压气机叶片 由于疲劳强度不足,经常发生事故,对叶片进行喷丸处理后,大大提高了疲劳强度,解决了疲劳强度不足的问题。实践证明,对于具有应力集中的零件,这种方法对其疲劳极限的提高尤为显著。表面强化的影响用表面强化系数 β_3 来表示。 β_3 为零件采用表面强化后的疲劳极限与未采用表面强化的疲劳极限的比值,其值如表3-2所列。

表 3-2 表面强化系数

强化方法	心部强度 σ_b/MPa	光滑试样	应力集中试样	
			$K_\sigma \leqslant 1.5$	$K_\sigma \geqslant 1.8 \sim 2.0$
高频淬火	600 ~ 800	1.5 ~ 1.7	1.6 ~ 1.7	2.4 ~ 2.8
	800 ~ 1 000	1.3 ~ 1.5		
氯化	900 ~ 1 200	1.10 ~ 1.25	1.5 ~ 1.7	1.7 ~ 2.1
渗碳	400 ~ 600	1.8 ~ 2.0	3	
	700 ~ 800	1.4 ~ 1.5		
	1 000 ~ 1 200	1.2 ~ 1.3	2	
喷丸硬化	600 ~ 1 500	1.10 ~ 1.25	1.5 ~ 1.6	1.7 ~ 2.1
滚子滚压	600 ~ 1 500	1.1 ~ 1.3	1.3 ~ 1.5	1.6 ~ 2.0

注:①高频淬火是根据直径为 10 ~ 20 mm、淬火硬化层厚度为(0.05 ~ 0.20)d 的试样求得的数据;对大尺寸试样,强化系数的值有所降低。氯化层厚度为 0.01d 时用小值,厚度为(0.03 ~ 0.04)d 时用大值。②喷丸强化是根据 8 ~ 40 mm 的试样求得的数据。喷丸速度低时用小值,速度高时用大值。③滚子滚压是根据 17 ~ 130 mm 的试样求得的数据。

3.4 机械零件疲劳强度

零件在交变应力下的强度条件是,零件工作时最大交变应力 s_{max} 小于或等于零件在同一应力比 R 下的许用应力 $[S_R]$,即

$$s_{max} \leqslant [S_R]$$

因零件的许用应力可用应力比 R 下零件的疲劳极限 $(S_R)_c$ 与安全系数 n 之比来表示,即许用应力 $[S_R]$ 表示为

$$[S_R] = \frac{(S_R)_c}{n}$$

所以交变应力下零件的强度条件可表示为

$$s_{max} \leqslant \frac{(S_R)_c}{n} \tag{3-9}$$

式中,s_{max} 为零件工作时的最大交变应力,可按材料力学的公式计算;n 为安全系数。在选取安全系数时,应考虑的因素,如计算内力及应力时的可靠性、材料的均匀性、零件的制造工艺水平等,一般可参照下列原则选取:

(1)当计算精度很高,且在确定内力、应力及强度性能时,普遍采用试验数据,同时工艺过程的质量及材料均匀性足够时,取安全系数 $n = 1.3 \sim 1.4$;

（2）对于普通的计算精度，当缺乏内力及应力的可靠试验数据，且材料均匀性及生产水平为中等时，取安全系数 $n = 1.4 \sim 1.7$；

（3）当计算精度很低，没有内力及应力的试验数据，材料很不均匀时，尤其对于尺寸很大的零件及铸件，取安全系数 $n = 1.7 \sim 3.0$；

（4）零件所需的最可靠的安全系数值，可根据实际零件的试验及相应零件实际工作状态来确定。

下面的主要任务是确定在对称循环及非对称循环下零件的疲劳极限，从而建立相应的强度计算公式。

◎ 3.4.1 对称循环下零件的拉 - 压、弯曲、扭转疲劳强度

在对称循环下，当考虑了应力集中、尺才小的影响后，由式（3 - 1）及式（3 - 8）可得有应力集中零件的疲劳极限为

$$(S_{-1})_{\mathrm{d}}^{K} = \frac{(S_{-1})_{\mathrm{d}}}{K_{\mathrm{f}}} = \frac{\varepsilon}{K_{\mathrm{f}}} S_{-1}$$

考虑表面加工的影响，则零件在对称循环下的疲劳极限为

$$(S_{-1})_{\mathrm{c}} = \frac{\varepsilon \beta}{K_{\mathrm{f}}} S_{-1} \tag{3 - 10}$$

式中，S_{-1} 为小试样在对称循环下的疲劳极限；K_{f} 为有效应力集中系数；ε 为尺寸系数；β 为表面状态系数。因此，零件在对称循环下的许用应力为

$$[S_{-1}] = \frac{(S_R)_{\mathrm{c}}}{n} = \frac{\varepsilon \beta}{K_{\mathrm{f}}} S_{-1} \tag{3 - 11}$$

强度条件为

$$s_{\max} \leqslant \frac{\varepsilon \beta}{n K_{\mathrm{f}}} S_{-1}$$

式中，$s_{\max}$ 代表零件工作时对称循环应力的最大值。弯曲、拉 - 压时，$s_{\max}$ 可用 $\sigma_{\max}$ 代入；扭转时 $s_{\max}$ 可用 $\tau_{\max}$ 代入，因此强度条件又可表示为

$$\sigma_{\max} \leqslant \frac{\varepsilon \beta}{n K_{\sigma}} \sigma_{-1} = [\sigma_{-1}] \tag{3 - 12}$$

$$\tau_{\max} \leqslant \frac{\varepsilon \beta}{n K_{\tau}} \tau_{-1} = [\tau_{-1}] \tag{3 - 13}$$

式中，σ_{-1} 和 τ_{-1} 分别表示在对称循环下，材料弯曲和扭转时的疲劳极限。对于钢材光滑小试样来说，在对称循环下，材料疲劳极限和抗拉强度极限 σ_{b} 大致存在以下关系：

$$\sigma_{-1} = 0.40 \sigma_{\mathrm{b}}（弯曲变形） \tag{3 - 14}$$

$$\sigma_{-1} = 0.28 \sigma_{\mathrm{b}}（拉 - 压变形） \tag{3 - 15}$$

$$\tau_{-1} = 0.22 \sigma_{\mathrm{b}}（扭转变形） \tag{3 - 16}$$

表 3 - 3 中给出几种常用材料的疲劳极限。

表3-3 常用材料的疲劳极限

材料名称	σ_b/MPa	σ_s/MPa	σ_{-1}/MPa	τ_{-1}/MPa
A5 钢	520	280	220	130
20 钢	400	240	170	100
45 钢	560～900	280～650	250～380	150～230
40Cr 钢	730～900	500～750	320～410	200～240
40CrNi 钢	820～920	650～750	360～420	210～250
12CrNi3A 钢	950	700	420	210
20CrNi3 钢	960	870	430	—
40CrNiMo 钢	1 000	850	456	230
50CrMnA 钢	1 310	1 190	640	—

应该特别指出的是,由式(3-11)可以看出,零件的许用应力[S_{-1}]除了和材料性能有关外,还和零件的状况(应力集中、绝对尺寸、表面状态)及安全系数有关,因此,即使在同一零件的不同地方,由于尺寸的变化,应力集中程度也不一样,由于表面加工状态的不同,[S_{-1}]也就各不相同。所以,疲劳许用应力的计算,必须随着零件上每个可能出现疲劳破坏的薄弱地区,逐个算出它们的区,逐个算出它们的[S_{-1}],而不能笼统地用一个许用应力来代替,这和静载荷时是大不相同的,必须予以足够的重视。

◎ 3.4.2 弯扭组合疲劳强度

若零件工作时,承受弯扭组合载荷,并在零件内产生对称循环的交变正应力 σ 及交变剪应力 τ,则为保证零件不发生疲劳破坏,其应力应满足以下强度条件:

$$\frac{\sigma_{max}^2}{[\sigma_{-1}]^2} + \frac{\tau_{max}^2}{[\tau_{-1}]^2} \leq 1 \tag{3-17}$$

式中,σ_{max} 和 τ_{max} 分别为零件最大工作正应力及最大工作剪应力;[σ_{-1}]和[τ_{-1}]分别为对称循环下,零件的许用正应力及许用剪应力。又因

$$[\sigma_{-1}] = \frac{\varepsilon\beta}{nK_\sigma}\sigma_{-1}$$

$$[\tau_{-1}] = \frac{\varepsilon\beta}{nK_\tau}\tau_{-1} \tag{3-18}$$

故对称循环下弯扭组合零件的强度条件可写成

$$\frac{\sigma_{max}^2}{\left(\frac{\varepsilon\beta}{nK_\sigma}\sigma_{-1}\right)^2} + \frac{\tau_{max}^2}{\left(\frac{\varepsilon\beta}{nK_\tau}\tau_{-1}\right)^2} \leq 1$$

当零件纯弯曲时，则 $\tau_{max}=0$，由式(3-18)可得

$$\sigma_{max} \leqslant \frac{\varepsilon\beta}{nK_\sigma}\sigma_{-1}$$

这与式(3-12)给出的结果是一致的。

当零件承受纯扭转时，则 $\sigma_{max}=0$，由式(3-18)可得

$$\tau_{max} \leqslant \frac{\varepsilon\beta}{nK_\tau}\tau_{-1}$$

这与式(3-13)给出的结果是一致的。由此可见弯曲、扭转的疲劳强度条件，是弯扭组合疲劳强度条件的特殊情况，同时也说明了式(3-18)和式(3-13)的一致性。

【例3-2】　图3-7所示为一矿车的车轮轴简图，轮轴材料为合金钢，其抗拉强度 $\sigma_b=900$ MPa，疲劳极限 $\sigma_{-1}=400$ MPa。根据其受力情况算得轴截面变化处（经磨削加工）的弯矩 $M=550$ N·m，若规定安全系数 $n=2$，试校核其强度。

解：

（1）计算工作应力

$$\sigma_{max} = \frac{M}{W} = 86 \text{ MPa}$$

式中，W 为抗弯模量。

（2）计算影响疲劳强度的各因素

①有效应力集中系数 K_σ

在例3-1中已算出 $K_\sigma=1.72$。

②尺寸系数 ε

由图3-13中曲线可查出 $d=40$ mm 时，对应 $\sigma_b=1\,200$ MPa，$\varepsilon=0.74$；对应 $\sigma_b=500$ MPa，$\varepsilon=0.85$。因此，对应 $\sigma_b=900$ MPa钢的尺寸系数 ε 可用内插法求得：

$$\varepsilon = 0.74 + \frac{1\,200-900}{1\,200-500} \times (0.85-0.74) = 0.787$$

（3）表面加工的影响

该轴颈处经磨削加工，由图3-14查得 $\beta=\beta_1=0.9$。

（4）校核强度

因车轴上各点为对称循环应力（$R=-1$），$\sigma_{-1}=400$ MPa，给定安全系数 $n=2$，可根据式(3-12)校核强度。

$$[\sigma_{-1}] = \frac{\varepsilon\beta}{nK_\sigma}\sigma_{-1} = \frac{0.787 \times 0.9}{2 \times 1.72} \times 400 = 82.4 \text{ MPa}$$

$$\sigma_{max} = 86 \text{ MPa} > 82.4 \text{ MPa}$$

故此车轴疲劳强度是不安全的。

◎ 3.4.3　非对称循环下零件的疲劳强度

对于钢材，按无限寿命观点进行疲劳强度计算时，需使用寿命趋于∞的等寿命曲线（图

3－16），图3－16中曲线 AB 的纵坐标即表示各个平均应力 s_m 对应的疲劳极限。图中点 A 纵坐标为对称循环 $R = -1(\sigma_{max} = 0)$ 时的疲劳极限，点 C 纵坐标为脉动循环 $R = 0$（$\sigma_{min} = 0$）时的疲劳极限，点 B 为强度极限 σ_b。对于光滑小试样，当应力在等寿命曲线 $ACBC'A'$ 范围以内时，不会发生疲劳破坏。由于曲线 ACB 近于直线，为简化起见，可以把它作为直线处理（偏于安全），并且实际零件因受到应力集中、尺寸大小及表面状态的影响，疲劳极限有所降低。在对称循环时，零件疲劳极限为

$$(S_{-1})_c = \frac{\varepsilon\beta}{K_f}S_{-1}$$

在图3－16中用 A_1 及 A_1' 表示。同时应力集中、尺寸及表面状态对静载荷下强度极限 σ_b 没有影响，这样实际零件的疲劳极限值为直线 A_1B。对于塑性材料，还应考虑屈服条件，即零件的最大工作应力应小于或等于屈服极限 σ_s，图中用 ED 线表示，由 E 点作垂直线，交 $A_1'B$ 于 E 点，这样折线 $A_1EDE'A_1'$ 是零件的等寿命曲线。零件应力只有在此折线范围内，才不会发生疲劳破坏。

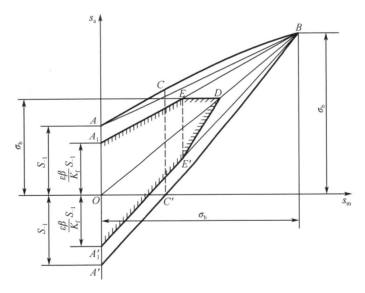

图 3－16　等寿命曲线 1

下面主要讨论直线部分 A_1E，即零件的疲劳极限值问题，而 ED 部分是属于静强度屈服问题。在等寿命曲线图3－17上，由点 O 画出任一射线，它与 A_1B 交于 C 点，射线与横坐标夹角 θ 的大小按下式计算：

$$\tan\theta = \frac{s_{max}}{s_m} = \frac{s_{max}}{\dfrac{s_{max} + s_{min}}{2}} = \frac{s_{max}}{\dfrac{1+R}{2}s_{max}} = \frac{2}{1+R}$$

可见，θ 角取决于应力比 R 的大小。在射线上各点，有相同的 θ 值，因此各点的应力比 R 为常数。若零件在工作过程中，应力比 R 保持不变，则点 C 的纵坐标即代表零件在应力比为 R 下的疲劳极限 $(S_R)_c$。

现在求 $(S_R)_c$ 值。如图 3-17 所示，作辅助线 BE 和 A_1G，由 $\triangle A_1BG$ 得

$$\tan\alpha = \frac{\overline{BG}}{\overline{A_1G}} = \frac{\sigma_b - \dfrac{\varepsilon\beta}{K_f}S_{-1}}{\sigma_b} = 1 - \frac{\varepsilon\beta S_{-1}}{K_f\sigma_b}$$

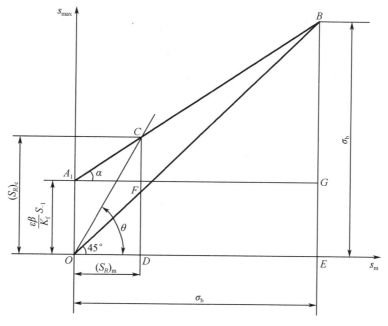

图 3-17 等寿命曲线

又由 $\triangle A_1BG$ 得

$$\overline{CF} = \overline{A_1F} \cdot \tan\alpha = \left(1 - \frac{\varepsilon\beta}{K_f} \cdot \frac{S_{-1}}{\sigma_b}\right) \cdot (S_R)_m$$

又因

$$\frac{(S_R)_c}{(S_R)_m} = \tan\theta = \frac{2}{1+R}$$

$$(S_R)_m = \frac{1+R}{2}(S_R)_c$$

所以

$$\overline{CF} = \frac{1+R}{2}\left(1 - \frac{\varepsilon\beta}{K_f} \cdot \frac{S_{-1}}{\sigma_b}\right)(S_R)_c$$

$$(S_R)_c = \overline{CF} + \overline{FD} = \frac{1+R}{2}\left(1 - \frac{\varepsilon\beta}{K_f} \cdot \frac{S_{-1}}{\sigma_b}\right)(S_R)_c + \frac{\varepsilon\beta}{K_f}S_{-1}$$

由上式解得

$$(S_R)_c = \frac{2S_{-1}}{\dfrac{K_f}{\varepsilon\beta}(1-R) + \dfrac{S_{-1}}{\sigma_b}(1+R)} \tag{3-19}$$

$$(\sigma_R)_c = \dfrac{2\sigma_{-1}}{\dfrac{K_\sigma}{\varepsilon\beta}(1-R) + \dfrac{\sigma_{-1}}{\sigma_b}(1+R)}$$

对于扭转

$$(\tau_R)_c = \dfrac{2\tau_{-1}}{\dfrac{K_\tau}{\varepsilon\beta}(1-R) + \dfrac{\tau_{-1}}{\tau_b}(1+R)}$$

非对称循环下,零件的强度条件为

$$s_{max} \leq \dfrac{(S_R)_c}{n'} = \dfrac{2S_{-1}}{n'\left[\dfrac{K_f}{\varepsilon\beta}(1-R) + \dfrac{S_{-1}}{\sigma_b}(1+R)\right]} \tag{3-20}$$

式中,n'为疲劳强度计算的安全系数,对于不同的应力比R,则有不同的取值,如对称循环下n'值较高,而当$(S_R)_c = \sigma_s$时,则n'应取为1.5。在今后的计算中,n'可在对称循环下选取,这样偏于安全。

对于塑性材料,还应根据屈服条件进行强度校核,即

$$s_{max} \leq \dfrac{\sigma_s}{n_s} \tag{3-21}$$

下面举例说明上述强度条件的应用。

【例3-3】 某疲劳试验机的夹头如图3-18所示。危险截面A—A处的直径$d = 40$ mm,圆角半径$r = 4$ mm,螺纹部分的外径$D = 48$ mm。夹头用钢制成,强度极限$\sigma_b = 600$ MPa,屈服应力$\sigma_s = 320$ MPa,拉-压对称应力循环下的疲劳极限$\sigma_{-1} = 170$ MPa,表面精车加工。在最大载荷为$F_{max} = 100$ kN,最小载荷为$F_{min} = 0$的条件下工作,给定疲劳安全系数$n' = 1.7$,静强度安全系数$n = 1.5$。试校核截面A—A的疲劳强度与静强度。

解:

(1)计算工作应力

截面A—A承受非对称循环正应力,其最大值和最小值分别为

$$\sigma_{max} = \dfrac{F_{max}}{\dfrac{\pi}{4}d^2} = 79.2 \text{ MPa}$$

$$\sigma_{min} = 0$$

(2)计算影响疲劳强度的各个因素

①有效应力集中系数

根据$r/d = 0.1$,由图3-4查得,对应$\sigma_b = 400$ MPa,$K_{\sigma 0} = 1.4$,对应$\sigma_b = 800$ MPa,$K_{\sigma 0} = 1.74$,因此,对应$\sigma_b = 600$ MPa钢的尺寸系数$K_{\sigma 0}$可用内插法求得

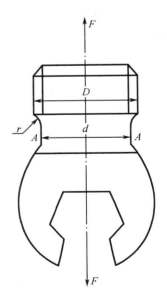

图3-18 疲劳试验机夹头

$$K_{\sigma 0} = 1.4 + \frac{1.74 - 1.4}{800 - 400} \times 200 = 1.57$$

根据 $D/d = 1.2$，由图 3-6 查得 $\xi = 0.79$，所以

$$K_\sigma = 1 + \xi(K_{\sigma 0} - 1) = 1 + 0.79 \times (1.57 - 1) \approx 1.45$$

②尺寸系数 ε

在轴向受力的情况下，$\varepsilon \approx 1.0$。

③表面状态系数

由图 3-14 查得 $\beta = 0.94$。

$$(\sigma_0)_c = \frac{2\sigma_{-1}}{\dfrac{K_\sigma}{\varepsilon\beta}(1-R) + \dfrac{\sigma_{-1}}{\sigma_b}(1+R)} = \frac{2 \times 170}{\dfrac{1.45}{1 \times 0.94} \times 1 + \dfrac{170}{600} \times 1} \approx 186 \text{ MPa}$$

$$[\sigma_0] = \frac{(\sigma_0)_c}{n'} = \frac{186}{1.7} \approx 109 \text{ MPa}$$

$$\sigma_{max} = 79.2 < [\sigma_0]，安全$$

(4)校核屈服强度

$$[\sigma] = \frac{\sigma_s}{n_s} = \frac{320}{1.5} \approx 213 \text{ MPa}$$

$$\sigma_{max} = 79.2 < [\sigma]，安全$$

习题

3.1　什么是应力集中现象？什么是理论应力集中系数 K_t？什么疲劳缺口系数 K_f？

3.2　理论应力集中系数 K_t 的定义有几种？K_t 与哪些变量或参数有关？

3.3　疲劳强度设计中为什么要用有效应力集中系数？如何用理论应力集中系数来确定有效应力集中系数？

3.4　某圆截面铝杆承受轴向拉伸载荷。材料的强度极限 $\sigma_b = 700$ MPa，屈服极限 $\sigma_s = 500$ MPa，对应于寿命 $N = 10^5$ 次循环的条件疲劳极限均值 $\overline{\sigma}_{-1} = 320$ MPa。

(1)当载荷在 22 ~ 44 kN 循环波动时，计算平均寿命为 105 次循环时对应的截面尺寸。

(2)如果载荷波动范围为 66 ~ 88 kN，求铝杆的截面尺寸。

(3)比较并评述上面的两种结果。

3.5　图 3-19 所示的支架，由一端固定的圆柱和连在其自由端的悬臂组成。循环载荷 F 在 22.5 ~ 45 kN 循环变化。如仅考虑支架的圆柱部分，忽略应力集中的影响，且材料的 $S-N$ 曲线如图 3-20 所示，试估算其疲劳寿命。

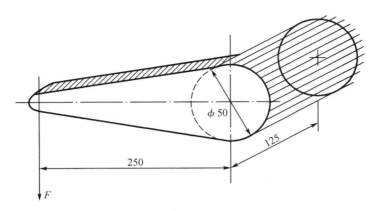

图 3 - 19   一端固定的悬臂支架

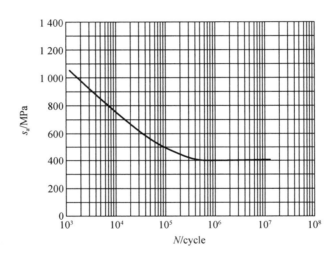

图 3 - 20   材料的 $S - N$ 曲线

第4章
提高疲劳强度的措施

在对影响疲劳强度的因素有了认识以后,重要的是要运用这些认识去指导实践。目前飞机设计制造,在结构布局、材料选择和工艺方法等方面,都采取了许多措施来提高飞机结构的疲劳强度,有不少文献资料已对此做了专门介绍,这里仅就与使用维护有关的方面做一介绍。

4.1 减缓局部应力

由于应力集中是影响疲劳强度的主要因素,因此减缓局部应力是提高构件疲劳强度的一项重要措施。维护使用中减缓局部应力的方法主要是增大圆角半径和打止裂孔。

◎ 4.1.1 增大圆角半径

减缓局部应力的一般原则是防止截面有急剧的变化,当这种变化不可避免时,应保证在变化区有足够大的圆角半径。

某飞机前起落架轮叉在接耳根部易产生裂纹,是由接耳根部的圆角半径过小,且接耳根部外缘的圆弧过渡区过小或根本未加工出来而形成尖角造成的。针对这一情况,采用了挫修和打磨的方法,将接耳根部圆角半径加大,并使根部外缘有一定宽度的圆弧过渡面,从而排除了这一故障。

◎ 4.1.2 打止裂孔

当构件上已出现疲劳裂纹后,为了减缓裂纹尖端的局部应力,较有效的办法是打止裂孔。由疲劳裂纹扩展可知:疲劳裂纹在达到临界裂纹长度之前,扩展是缓慢的;一旦超过临界裂纹长度,裂纹即以声速瞬时撕毁结构。因此,一旦出现裂纹就面临两个任务:一是如何制止裂纹缓慢扩展,二是如何防止裂纹瞬时扩展。打止裂孔是为了解决前一个问题,而对于后一问题则需要采取专门的止裂装置。

打止裂孔之所以能减缓裂纹尖端的局部应力,制止裂纹缓慢扩展,主要是因为孔增大了裂纹尖端的曲率半径,降低了应力集中跨度(图4-1)。同时,它又钻掉了裂纹尖端的塑性区,从而消除了裂纹缓慢扩展的条件。

但应当指出,止裂孔制止裂纹缓慢扩展的作用只是暂时的。因为,使裂纹扩展的动力外载荷仍旧存在,止裂孔本身就有应力集中,因此经过一段时间后,裂纹仍然会穿过止裂孔继续向前扩展,并且一旦穿过止裂孔后,其发展速度就会较快。尽管如此,比较同一种裂纹扩展得知,总的裂纹长度打止裂孔要比不打止裂孔短得多。需要注意的是,止裂孔应除去全部的裂纹,并包括裂纹前端的塑性区,因为塑性区内有微裂纹存在。

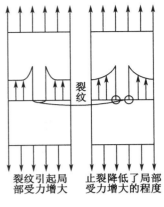

图4-1　止裂孔降低应力集中

◉ 4.1.3　减缓力流线的变化

3.1 节还指出,力流线变化愈小,局部应力也愈小,所以减缓力流线的变化,就能减缓局部应力。如图4-2(a)所示的带圆孔的板件承受拉伸载荷时,其力流线变化较大。如果在圆孔的左右再钻两个小孔——减载孔[图4-2(b)],则力流线就变得比较光滑,因而降低了局部应力。对于带圆孔的平板,除利用减载孔外,还可以采用减少圆孔周围部分厚度的方法。图4-3(a)是一块带有圆孔的平板,板厚为5 mm。将其圆孔周围的板厚削减[图4-3(b)和(c)的阴影面积表示厚度削减的部分],可使力流线的变化比较光滑缓和,从而减缓了局部应力。在图4-3(d)中画出了截面A—A的应力分布情况,就点A处的应力集中系数K_t而言,对没有减缓局部应力措施的带孔圆板,$K_t = 2.4$;对图4-3(b)的情况,$K_t = 1.5$;对图4-3(c)的情况,$K_t < 1.5$。

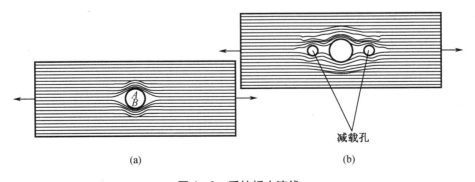

(a)　　　　　　　　　　　　(b)

图4-2　受拉板力流线

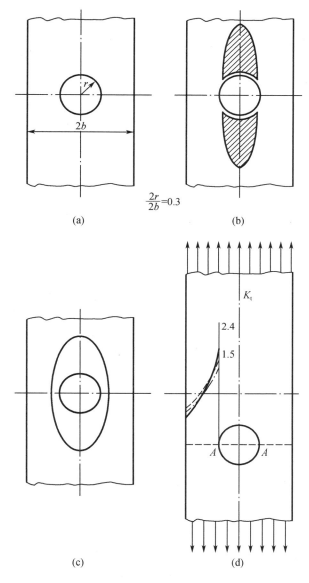

图 4 - 3 　带圆孔平板

4.1.4　减载槽

　　承受交变应力的压配合构件(如图 4 - 4(a)所示),由于在 m、n 处的构件刚度有突然的变化,故疲劳源经常出现在这些部位。将 m、n 处制成圆角,使轴的压配合部分加粗,则应力集中情况会有所改善。为进一步减缓局部应力,还可以采用减载槽 a—a[图 4 - 4(b)]。若因某种装配条件的要求,轴肩根部的直径不允许改变,而无法制成圆角时,则可采用如图 4 - 5 所示的减载槽 a—a,同样能够减缓局部应力。

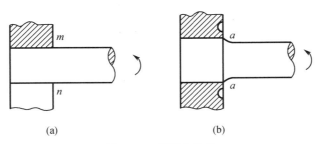

图 4 - 4   压配合构件

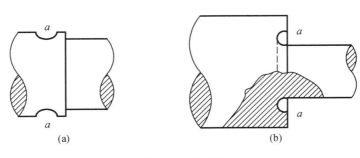

图 4 - 5   构件图

4.1.5   孔洞的加强

减少孔洞附近的局部应力的有效方法是在孔的边缘焊接一个加强环(图 4 - 6)。孔洞的应力集中随着加强环刚度的增加而减小。必须指出,加强环用焊接或胶接方法,与圆孔连接才是最有效的。当用铆钉连接时,如果设计不好,则可能在铆钉孔处导致一个更大的应力集中,使孔洞处的疲劳强度反而降低。

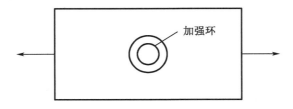

图 4 - 6   带加强环受拉板

4.1.6   窗口的合理设计

当压力座舱充压时,窗口附近处于两向受拉的应力状态[图 4 - 7(a)],图中沿飞机机身轴线方向的应力 σ_2 约等于环向应力 σ_1 的一半,即 $\sigma_1 = 2\sigma_2$。如果采用图 4 - 7(b)所示的方形窗口,则无论对 σ_1 还是 σ_2 而言,在窗口 4 个角上都将存在应力集中,产生较大的局部应力。假如窗框用铆钉固定的话,4 个角处的铆钉孔还会再一次引起应力集中,产生附加的局部应力。因此,该部位的应力集中相当严重,角部的铆钉孔则是疲劳源。"彗星 - I"号飞机发生事故后所进行的全机增压试验表明,在座舱压力循环为 0→0.056 844 MPa→0 的情况下,在方形窗口后下角的铆钉孔处,首先出现疲劳裂纹,而且裂纹扩展速度很快,当座舱压力循环到 3 057 次时,一块 2 438.4 mm×914.4 mm 的蒙皮突然被撕裂,导致全机被破坏。由此可见,对窗口进行合理设计,以减缓窗口处的局部应力相当重要。

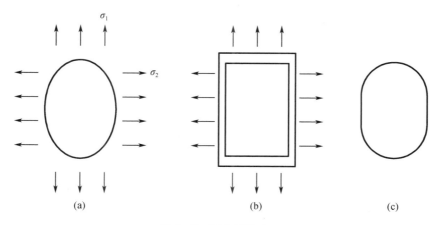

图 4 - 7 两向受拉窗口

从疲劳的观点来看,窗口最好采用图 4 - 7(a)所示的椭圆形,理论计算和试验研究表明,椭圆形窗口的最佳尺寸是椭圆长轴与短轴的比值等于 1.5。这种窗口在座舱压力作用下,局部应力最小。当然,椭圆形窗口的视野较差,若为改善视野而做成方形窗口,则窗口 4 个角必须有足够大的圆角半径,如图 4 - 7(c)所示。为了避免由于固定窗框而在窗口部位再次出现接头所引起的局部应力,可采用整体壁板,或使用整体锻件做窗框。对于机翼下翼面的一些开口,也最好使用椭圆形,将椭圆长轴沿翼展方向设置。

4.2 提高疲劳强度的工艺方法

零构件的加工和装配,对疲劳强度也有很大的影响。因此,改进工艺条件也是提高零构件疲劳强度的有效途径。

◉ 4.2.1 表面加工

由于零构件的表面缺陷是引起应力集中的重要因素,因而表面缺陷会降低零构件的疲劳强度。如果在表面加工中提高表面光洁度,减少表面缺陷,则能提高零构件的疲劳强度,这一点在 3.3 节中已经说明,这里还要强调以下两点:

(1)材料的强度极限 σ_b 越高,表面光洁度对疲劳强度的影响越大,因此,对高强度材料的表面加工要格外注意提高光洁度,以保证发挥高强度材料的作用。

(2)刀具的切削痕迹的方向对疲劳强度也有很大的影响,如涡喷-6喷气发动机压气机第一级叶片经常出现疲劳裂纹,其原因是:加工时磨具和叶片相对运动方向是沿着叶片弦向的,而弦向的磨痕和作用在叶片上的拉应力方向相互垂直,这样,弦向的磨痕就成了应力集中的因素,容易在这里形成疲劳源,后来改变为垂直于叶片弦向加工,就避免了疲劳裂纹的出现。

◉ 4.2.2　表面强化

由于疲劳裂纹多数起始于构件表面,因此提高表面材料的强度,能使疲劳抗力增加。一般常用的工艺方法包括渗碳、渗氮、氰化、高频电表面淬火、表面碾压、喷丸。这些工艺方法载于专门的书籍中,这里不再重述。它们所产生的增强效果,是由于表层强度的增加,并且在表面层中产生很大的残余压应力,可以抵消对裂纹扩展最不利的拉应力。已得到广泛应用的喷丸方法,是将很小的钢丸、铸铁丸、玻璃丸等高速喷射在工件上,工件表面受到丸粒的打击后,产生塑性变形,使表面冷作硬化,同时引起极高的残余压应力。钢丸、铸铁丸宜于喷射钢件;玻璃丸宜于喷射铝合金件。

应该指出,在喷丸时,工件所有的外表面都必须进行喷射(包括板厚方向的表面),对于具有外边缘缺口和圆角的板材(图4-8),容易满足这一要求,但对于带有内孔的板材(图4-9)和铆钉接头,圆孔内表面很难喷射到。一些试验表明,类似图4-9所示这种带有内孔的板材,经过喷丸后的疲劳强度常常比未喷丸的还要低。

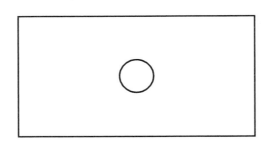

图4-8　具有外边缘缺口和圆角的板材

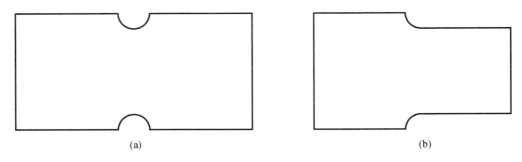

图4-9　带有内孔的板材

◎ 4.2.3 预紧力

对于承受交变载荷的螺栓,在装配时,如果施加一适当的预紧力,则可提高螺栓的疲劳强度。图 4 – 10(a)表示一个发动机的气缸端部,气缸盖与缸体用螺栓连接,中间夹有一层衬垫,以达到密封的目的。显然,在气缸脉动内压的作用下,螺栓受脉动拉伸载荷的作用。下面,取出一个螺栓的局部图[图 4 – 10(b)所示]来研究一下螺栓预紧力对其疲劳强度的影响。设一个螺栓所受的脉动拉伸载荷为 $0 \sim F$,在没有预紧力时,螺栓所受的平均载荷 F_m 与载荷幅值 F_a 均为 $0.5F$。

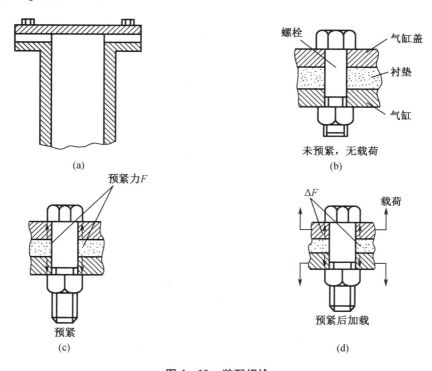

(a)

螺栓 气缸盖
衬垫
气缸

未预紧,无载荷

(b)

预紧力 F

预紧

(c)

ΔF 载荷

预紧后加载

(d)

图 4 – 10 装配螺栓

现给这个螺栓施加一大小等于 F 的预紧载荷[图 4 – 10(c)所示],然后再加上脉动载荷 $0 \sim F$,情况会如何呢? 螺栓上的轴力会不会在 $F \sim 2F$ 之间变化呢? 不会的! 下面我们来分析一下螺栓与被夹紧件间的受力与变形情况。在预紧时,预紧力即被夹紧件与螺栓间的相互作用力。这时,螺栓所受拉力为 F,产生拉伸变形,被夹紧件所受压力亦为 F,产生压缩变形。预紧力 F 的大小取决于被夹紧件的压缩变形。

当施加在螺栓上的脉动载荷达到最大值 F 时[图 4 – 10(d)],螺栓在这个载荷 F 的作用下继续伸长,但螺栓一伸长,被夹紧件的压缩变形量就要减小,于是螺栓与被夹紧件之间的相互作用力减小。这时螺栓的轴向力显然不是外力 F 加上预紧力 F,而是外力 F 加上此时的螺栓与衬垫的相互作用力 ΔF,显然 $\Delta F < F$。所以,当脉动载荷达到 F 时,螺栓的最大轴力为

$$F_{\max} = F + \Delta F = F(1 + k)$$

式中，$\Delta F < F$，k 为一个小于 1 的数值。理论分析和实践经验表明，螺栓相对于被夹紧件的刚度越小，k 值越小。为减小 k 值，采用低刚度的螺栓，而被夹紧件的刚度在允许的情况下尽量大一些。

当脉动载荷为零时，螺栓的最小轴力 $F_{\min} = F$，于是，螺栓内力将在 $F \sim F(1 + k)$ 变化；如果螺栓与被夹紧件的相对刚度适当，k 比较小，例如等于 0.2，则螺栓内力在 $F \sim 1.2F$ 之间变化，平均载荷 $F_m = 1.1F$，载荷幅值 $F_a = 0.1F$。可见，有预紧力的螺栓，其平均应力虽比没有预紧力时略高，但应力幅值却大大减小，所以合理地施加预紧力会达到提高疲劳强度的效果。

同样，对于受剪螺栓接头，施加预紧力也是有益的，用螺栓连接的板材，疲劳源一般发生在螺栓孔的最小剖面处，然而如果预紧应力达到屈服应力的 75% 时，则疲劳源就会转移。这是因为螺栓头对孔产生的压力迫使载荷的传递路线，由螺栓孔挤压和螺栓受剪改变为板材之间的摩擦，减缓了孔边缘的局部应力。

4.3　连接件的细节设计

实践经验指出，疲劳破坏经常发生在连接件的接头处，因此，在疲劳设计中，一个很重要的方面是连接件的"细节设计"。根据疲劳破坏局部性的特点，如果能提高这些接头处的疲劳强度，那么对整体结构的疲劳强度会有很大的好处。现将各种形式连接件的细节设计分述如下。

◉ 4.3.1　耳片和销钉的连接接头

当销钉和耳孔存在间隙时，二者的接触面积很小，载荷 F 是通过孔内小的接触面来传递的(图 4 − 11)，这种"有载孔"的应力集中比无载孔的应力集中严重得多，最大拉应力发生在耳孔的点 m 和点 n 处，因此，一般耳片的疲劳强度很低。例如，在最不利的情况下，铝合金耳片在 10^7 循环时的疲劳强度大约只有静拉伸强度的 2.5%；对于钢耳片，大约只有静拉伸强度的 4%，这种降低主要是由应力集中所引起的。

如前所述，理论应力集中系数 K_t 是最大应力 $\sigma_{\max}$ 与名义应力 σ_n 的比值，即

$$K_t = \frac{\sigma_{\max}}{\sigma_n} = \frac{\sigma_{\max}}{F/[(D - d)\delta]} \tag{4 − 1}$$

此处，名义应力是按净截面求出的。如果取 $d \approx D$，则耳孔左右两边变成柔韧的薄金属带，应力分布趋于均匀，此时，应力集中系数 K_t 接近于 1。这样做的结果，虽然 K_t 值下降，但耳片材料被削弱得太厉害，致使名义应力大大增加，仍达不到提高强度的目的。从而自然会想到，在给定耳片宽度的条件下，究竟 d/D 等于何值，耳片的设计才最合理。

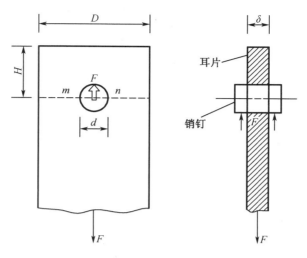

图 4 – 11　连接接头

在此情况下,有必要对理论应力集中系数 C_t 重新做出如下定义:

$$C_t = \frac{\sigma_{\max}}{\sigma} = \frac{\sigma_{\max}}{F/(D\delta)} \qquad (4-2)$$

式中的名义应力 σ 是按毛截面面积 $D\delta$ 计算出的。这样,当已知设计载荷 F,并给定耳片宽度 D 和厚度 δ 后,则 C_t 值越小,局部应力 $\sigma_{\max}$ 也越小,消去式(4–1)和式(4–2)中 $\sigma_{\max}$,还可得到 C_t 和 K_t 的关系:

$$C_t \frac{F}{D\delta} = K_t \frac{F}{(D-d)\delta}$$

$$C_t = \frac{K_t}{1-(d/D)} \qquad (4-3)$$

应力集中系数 C_t 随 d/D 的变化情况如图 4 – 12 所示,该图是根据光测弹性力学方法得到的。从图中可以看到,当 d/D 约等于 0.4 时,曲线给出 C_t 的最小值,因此,$d/D \approx 0.4$ 可作为耳片设计的最佳比值。由图 4 – 12 还可以看出,应力集中系数 C_t 随耳孔边距 H 的减小而有所增加,所以一般情况都取 $H/D \geqslant 1$。在 $d/D = 1/2.68$ 保持常量下 C_t 和 K_t 成正比。

耳片头部形状的影响如图

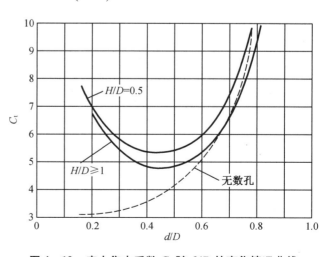

图 4 – 12　应力集中系数 C_t 随 d/D 的变化情况曲线

4 – 13 所示。图中耳孔直径均为单位 1 的长度。K_t 表示无过盈配合时的应力集中系数,K_t'

表示销钉和耳孔的间隙为 0.015 mm/mm 时的应力集中系数。

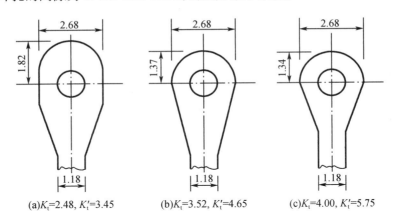

(a)K_t=2.48, K_t'=3.45　　(b)K_t=3.52, K_t'=4.65　　(c)K_t=4.00, K_t'=5.75

图 4-13　耳片头部形状的影响示意图

提高耳片疲劳强度的有效措施是利用干涉配合。根据铝合金材料的试验结果,对于每毫米直径有 0.004 3 mm 的过盈,可大大提高耳孔的强度。如果考虑到维修拆装的方便,不宜使耳孔与销钉直接配合,那么可在耳孔中使用较高过盈的衬套,同样可取得有益的效果。

对于干涉配合的耳孔和销钉,加载前,耳孔边缘受到径向压应力 p 的作用[图 4-14(a)]。根据光弹试验结果可知,在较高过盈的情况下(0.006 mm/mm)加载[图 4-14(b)],耳孔的下半圆面积卸载,压力 p_2 大大减小,而在上半圆加载面积上,压力 p_1 稍有增加。可见,外力 F 的加载过程转化为径向压力的变化。对于带有间隙的耳片,载荷 F 必须经过净面积 $(D-d)\delta$ 来传递。但经干涉配合后,耳片和销钉则形成一个整体,载荷 F 是通过全剖面来传递的,这种传力方式改善了原来耳孔处于应力集中的状况,故疲劳强度有所增加。

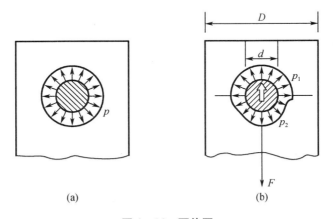

(a)　　　　　　　　　　　　　　(b)

图 4-14　耳片图

◉ 4.3.2　螺栓接口

　　首先考虑受拉螺栓的疲劳强度,图4-15表示出受拉螺栓上经常出现的三个疲劳源。为了防止部位①和②的疲劳破坏,螺纹底部需要有足够大的圆角半径,通过减小螺栓光杆的直径,可减缓部位①末端螺纹的应力集中。光杆部分的直径最好不大于螺纹根部直径(图4-16),这样,光杆的力流线可以缓和地通过末端螺纹根部。这种做法,还可减小螺栓刚度,对使用预紧螺栓更为有利,并且减小螺栓刚度,对承受冲击载荷也有好处。

　　部位②的破坏与螺帽的设计有关。由于第一啮合螺纹承担的载荷最大,故为了使螺纹均匀地分担载荷,需降低螺帽第一啮合螺纹处的刚度,可采用如图4-17所示的三种设计形式。这样,第一啮合螺纹处的局部应力会大大降低,疲劳强度可提高30%左右。为了提高部位③的疲劳强度,螺栓头和光杆交接处的圆角应足够大(图4-16),而且要光滑,不得存在刀痕。另一方面,要保证螺栓头的配合面垂直于螺杆的轴线,以防止偏心受载。对于受剪螺栓,虽然其头部不需要像受拉螺栓头部那样高的强度,但受剪螺栓与受拉螺栓的疲劳源基本相同(图4-15),并且影响疲劳强度的因素也都相同。这是因为螺栓在受剪时,伴随有次级弯曲变形发生,由弯曲所引起的拉应力与受拉螺栓中的拉应力所起的作用基本相同,所以受剪螺栓也需要有抗拉的疲劳性能。

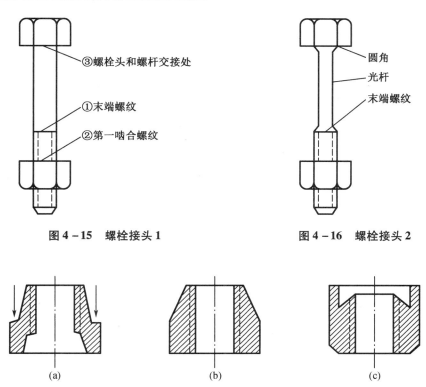

③螺栓头和螺杆交接处

①末端螺纹

②第一啮合螺纹

圆角

光杆

末端螺纹

图4-15　螺栓接头1　　　　　图4-16　螺栓接头2

(a)　　　　　　　(b)　　　　　　　(c)

图4-17　螺帽的三种设计形式

从疲劳观点来看,螺栓接头尽可能采取受剪的形式,因为由次级弯曲变形产生的拉应力,要比受拉螺栓中的拉应力小得多。对于强受力接头,还可利用拉剪分工的办法,即在较细的螺栓杆上,套一较粗的套筒用以承受剪力,而螺栓杆只承受锁紧力。有些现代飞机已将这种构造形式应用到机翼和机身的主要接头上。图4-18中示出了各种受剪的螺栓接头。大量的试验结果表明,对称类型的双剪接头(a)(b)(c)疲劳性能最好,尖劈式单剪接头(d)(e)(f)次之;接头(g)的疲劳性能最差。但对静强度来说,根据试验结果,接头(d)比接头(b)的强度高;试验结果还指出,使用多个小螺栓比使用单独大螺栓的疲劳强度要好。

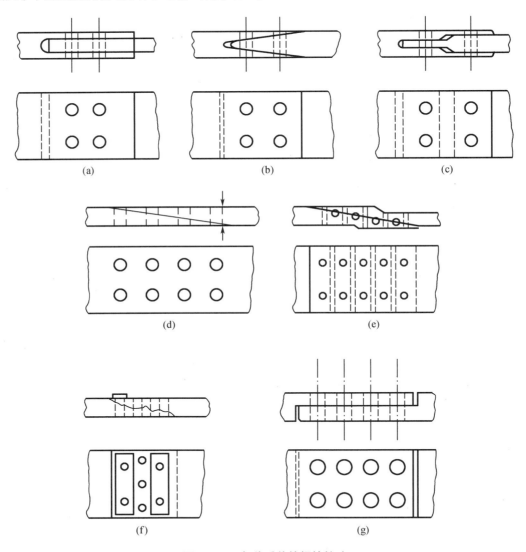

图4-18 各种受剪的螺栓接头

当使用长接头时,应考虑如何满足"最佳载荷分布"的条件。所谓最佳载荷分布,是基于等强度观点,即保证螺栓孔处的最大局部应力大致相等。图4-19(a)所示接头,从疲劳观点来看是不合理的。因为,根据相关理论证明,在弹性范围内,作用在螺栓上的剪力两端最大,中间较小;作用在螺栓孔上的挤压力也是如此,故在两端孔洞处由挤压力产生的局部应力较大。如在内连接件的截面 A 和 D 处,作用在孔上的挤压力较大[图 4-19(b)],但截面 A 只承担一个螺栓的载荷,所以受力情况不是最严重的。截面 D 则承担四个螺栓的载荷,因此受力情况最严重,疲劳源总是在截面 D 的孔洞处出现。

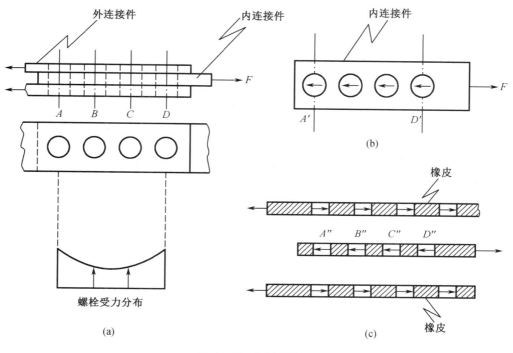

图 4-19　螺栓接头 3

为了使接头各截面受力情况趋于一致,应尽量减小孔洞 D' 的挤压力,这样就有可能提高整个接头的疲劳强度。为便于分析,假想外连接件由刚度极低的材料(如橡皮)制成,这时全部载荷 F 将完全由螺栓 A'' 来承担,而螺栓 B''、C''、D'' 不受力(受力极小,可忽略不计)。若螺栓 B''、C''、D'' 受力[图 4-19(c)],则刚度极低的外连接件在截面 A 和 D 之间必然要产生极大的变形,就与内连接件的微小变形不能协调。要保证变形协调一致,螺栓 B''、C''、D'' 就不会受力。从这一概念出发,应该尽量减小外连接件的刚度,从而降低孔洞 D' 的挤压力,于是,就自然形成了如图 4-20 所示的合理的接头设计。

◉ 4.3.3　铆钉接头

铆钉接头与螺栓接头、耳片接头有相似之处,因此,以上所述的有关设计原则,大都可适用于铆钉接头。铆钉接头在较高应力水平的循环下,其破坏性质接近于静强度,故常使铆钉被剪坏,或由于附加的弯曲变形将铆钉头掀起、拉断。但在较低应力水平循环下,疲劳破坏的特征表现较为突出,常常在板件的钉孔处起裂。铆钉接头一般以采取小直径、小间距为宜,但这种做法要付出质量的代价,同时,在边距许可的条件下,铆钉最好并排设置,不宜交错排列。从流体动力比拟可以看出,并排排列的铆钉接头力流线歪曲较小。至于铆钉头的形式,对疲劳强度影响不十分显著,故不再加以介绍。

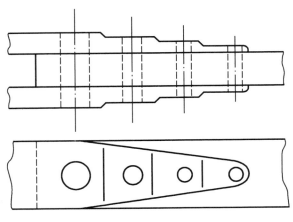

图 4 – 20　螺栓接头 4

近年来,在飞机结构中,广泛应用干涉配合的铆钉接头,以提高疲劳强度。对于有干涉配合的无载孔,曾借助光弹性方法进行过研究。当无过盈配合[图 4 – 21(a)]时,设远离孔处的应力为 1,则最大拉应力发生在 a 点,其值为 3.47。在干涉配合[图 4 – 21(b)]时,由于板材和铆钉形成了一个整体,通过全剖面来传递载荷,最大拉应力点移至 d 点,其值为 2.4。对于干涉配合有载孔的铆钉接头,其原理与干涉配合的耳片接头类似,故不再重述。

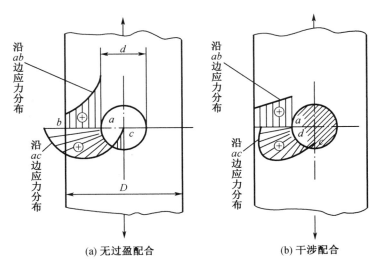

(a) 无过盈配合　　　　　　　　　　(b) 干涉配合

图 4 – 21　铆钉接头

◎ 4.3.4　焊接接头

在焊接接头中,因为接头形状有急剧的改变,故可能发生应力集中较严重的情况。对接接头是所有焊接接头中形状改变最小的[图4-22(a)],因此,这种接头的应力集中也最小,适宜在交变应力的情况下工作。对接接头应力集中最严重的部位,是焊缝与被连接件交界的地方 $m-n$ 处[图4-22(a)]。图4-22(b)给出了该部位拉应力分布的情况。焊道高度 h 的加大会引起局部应力的增加,所以焊道高度应尽可能小一些。图4-23给出了对接焊缝外形对疲劳强度的影响,为了防止产生过大的焊道高度和焊缝显著变化的外形,必要时,可对焊缝表面进行磨削加工,并将焊缝与被连接件交界处制成圆角[图4-23(a)]。

搭接接头的截面形状变化很大。如图4-24(a)所示的具有横向焊缝的搭接接头,在 $m-n$ 处引起了力流线方向急剧的改变,因此产生了高度的应力集中。为了改善这种情况,可采用带有圆角的焊足比为 $1:3.8$ 的焊缝[图4-24(b)],这样可大大提高接头的疲劳强度。

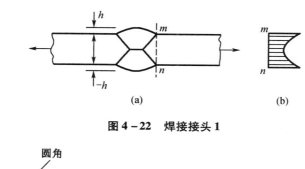

图4-22　焊接接头1

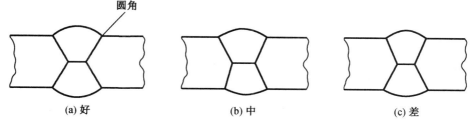

图4-23　焊接接头2

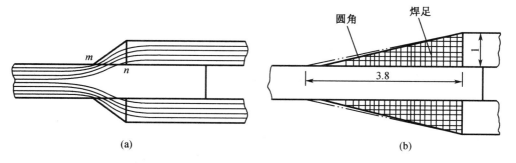

图4-24　焊接接头3

纵向焊缝的搭接接头,应力分布也是极不均匀的。应力集中最严重的部位,是在纵向焊缝的两个端部截面 a—b 和 c—d 处[图 4 – 25(a)]。图 4 – 25(b)表示出焊缝端部板件横截面的应力分布情况。总之,在交变应力作严重的情况下,不宜采用搭接接头。

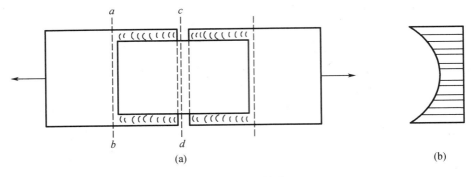

(a)   (b)

图 4 – 25　焊接接头 4

习题

4.1　提高阶梯轴的疲劳强度,可以采取哪些措施?

4.2　若要设计一个在随机载荷作用下工作的零件,选材时应考虑哪几方面?

第 5 章
疲劳载荷谱

在研究飞机结构的疲劳强度时,必须清楚飞机结构在整个使用过程中各级载荷的大小和出现的次数。因而在疲劳强度分析中,需要确定结构所承受的载荷随时间变化的历程,即载荷谱。由于载荷次序的信息往往在记录或处理的过程中没有被考虑,因此所谓的疲劳载荷谱通常由载荷的大小和相应的频率组成。

5.1 飞机疲劳载荷谱的特点及其分类

◉ 5.1.1 飞机载荷谱的特点

飞机是将整个机队作为一个整体,根据机队使用数据(或预测)按典型飞行剖面进行综合分析。把每次起落作为一个单独的随机变量,获得飞行时间与起落数之间的关系数据,再根据机队的数据按几种典型剖面在整个使用寿命期内所占的比例综合进行疲劳检查,因而所代表的是机队的平均寿命。

飞机的典型飞行任务剖面示例如图 5-1 所示。典型飞行任务剖面图及标准使用情况是编制载荷谱的基础,对结构的疲劳损伤估算、试验确定结构寿命有重要影响。典型载荷谱是根据规范或类似飞机飞行实测,以飞机典型任务剖面结合飞行模拟及飞行员的飞行经验制定的。

飞机飞行任务剖面的总和应能代表飞机的全部实际使用情况,反映飞机的战术技术性能和使用特点。一架飞机在服役使用过程中其飞行情况很复杂,对一个机种来说就更复杂,为了简化编谱工作,只选取一些代表飞机使用特征的飞行任务剖面,即典型飞行任务剖面。为较好地反映任务剖面的特征,典型飞行任务剖面应包括下列变量:任务类型和任务段;每次飞行时间;任务剖面及占总寿命的使用比例;飞机构型(外挂配置方案);飞机总重及起飞状态时的燃油量;飞行马赫数 Ma、飞行高度随时间的变化;发动机推力及耗油率;重心位置;着陆次数(含复飞次数)等。

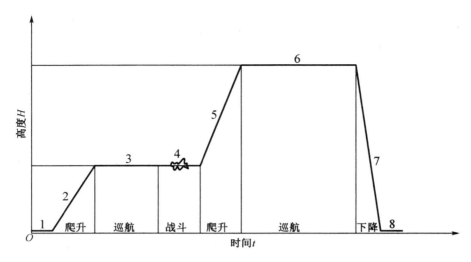

图 5-1 飞机的典型飞行任务剖面示例

5.1.2 飞机载荷谱分类

飞机在每次飞行中大致需要经过以下几个过程:起飞滑行—爬升—巡航—下降—着陆撞击—滑行。在每个过程中,飞机都会受到疲劳载荷。图 5-2 表示飞机机翼在一次飞行中的疲劳载荷谱。

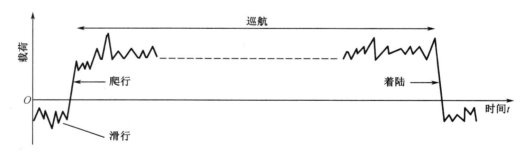

图 5-2 飞机机翼在一次飞行中的疲劳载荷谱

1. 突风重复载荷

突风重复载荷又叫阵风载荷,它是由大气紊流对飞机施加的载荷。突风重复载荷是对民用飞机疲劳损伤影响很大的重复载荷。这种载荷首先用一种速度-过载-高度仪(VGH仪)实测得到,然后再将这种实测结果设法转换成对所有飞机都适用的突风环境数据。图 5-3 是一种典型 VGH 仪实测记录的结果,它表明了飞机的速度、垂直加速度与高度的时间历程。

根据速度、垂直加速度和高度变化的综合特点,可以分别判定重复载荷的类型。例如,突风重复载荷的特点是:飞行高度基本不变,空速有微小的高频波动,垂直加速度(过载)变化的频率较高。而对于机动载荷,一般空速变化较大,高度常有明显变化,垂直加速度的频率较低而变化较大。

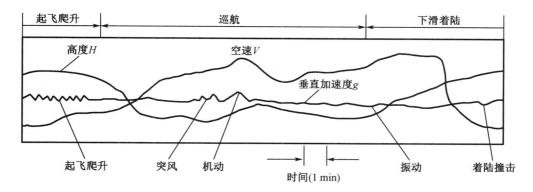

图 5 – 3 典型 VGH 仪实测记录

对于实测的过载记录,有许多数据处理的方法,这里不做介绍。数据处理的结果可以用表格给出,表 5 – 1 就表示了某客机在各个飞行阶段所经受突风过载的频率分布。

表 5 – 1 某客机突风过载的频率分布

加速度增量 Δg	各飞行段发生频率(正负峰值均计算)			总发生频率
	爬升	巡航	下滑	
0.2 ~ 0.3	2 724	4 897	4 332	11 953
0.3 ~ 0.4	568	1 119	964	2 651
0.4 ~ 0.5	120	251	195	566
0.5 ~ 0.6	35	73	53	161
0.6 ~ 0.7	8	32	15	55
0.7 ~ 0.8	3	9	5	17
0.8 ~ 0.9	0	2	2	4
0.9 ~ 1.0	1	1	1	3
1.0 ~ 1.1	1	0		1
1.1 ~ 1.2		1		1
总计	3 460	6 385	5 565	15 410
飞行小时	319.7	1 044.6	452.7	1 817.0
平均空速/(km·h^{-1})	747.4	904.5	628.0	808.4
飞行千米数	2.39×10^2	9.45×10^5	2.83×10^5	1.47×10^6

2. 机动重复载荷

飞机做机动飞行时承受变化较大的载荷,这种重复载荷称为机动重复载荷。

由于民用飞机很少做机动飞行,而且机动过载也较小,因此机动重复载荷不是民用飞机的主要疲劳损伤载荷。

机动载荷的过载值及其出现次数与飞机的飞行动作直接有关。因此,飞机的机动重复载荷按机种进行实测统计,如图5-4所示。

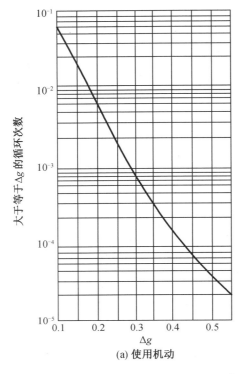
(a) 使用机动

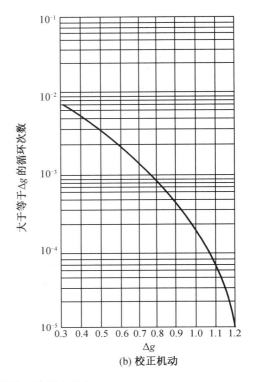
(b) 校正机动

图5-4 机动过载增量的平均频率分布

3. 着陆撞击重复载荷

在起落架的设计过程中,研究人员除了考虑起落架在飞机静态时的受力外,还需要考虑其在起飞和着陆阶段的动态性能。因为飞机在起飞滑跑、着陆接地和地面运动的时候,都会产生较大的撞击载荷。当飞机着陆时,起落架撞击地面,由于起落架的弹性,会对飞机施加重复载荷,这种着陆撞击重复载荷是一种需要特别考虑的损伤飞机(尤其是对起落架及其连接接头)的重复载荷。

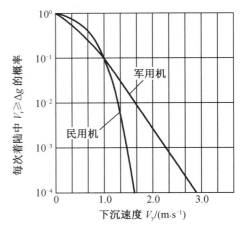

图5-5 下沉速度分布

为了尽可能给出适合于各架飞机的数据,这种载荷常常统计成超过某一给定下沉速度(垂直速度)V_y的次数,如图5-5所示。

下面介绍一种把下沉速度转换成重心过载的方法。

首先,根据起落架参数求出无量纲接地速度 U_0',即

$$U_0' = V_y \sqrt{\frac{A^2 g}{W_1 \psi}} \qquad (5-1)$$

式中, U_0' 为无量纲接地速度; V_y 为垂直速度; g 为重力加速度; W_1 为一个减震支柱上部的质量; ψ 为轮胎的力－挠度特性曲线线性化后的斜率。

$$A = \frac{A_h^3 \rho}{2(C_d A_n)^2 \cos \theta} \qquad (5-2)$$

式中, A_h 为减振器活塞液压面积; ρ 为液体质量密度; C_d 为油孔泄放系数; A_n 为油孔净面积; θ 为减震支柱轴线与垂线间的夹角。

知道无量纲接地速度 U_0' 后,利用图5－6可查出无量纲上部质量的最大加速度 U_1'',然后根据下式算出过载增量

$$\Delta g = \frac{U_1'' \psi}{A g} \qquad (5-3)$$

当然,我们也可根据实测得到重心过载增量的频率分布。

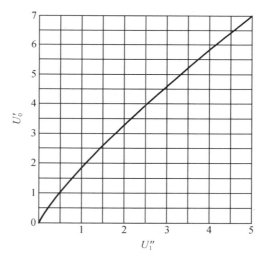

图5－6　U_0' 与 U_1'' 的关系曲线

4. 地面滑行重复载荷

地面滑行重复载荷是由飞机着陆接地后,在地面滑行时,因跑道不平引起的颠簸,或由于刹车、转弯和牵引等地面操纵而施加在飞机上的重复载荷。它与跑道的粗糙度有关,对不同类型的跑道已有统计结果。

一般情况下,地面滑行重复载荷频率较高而过载值较小。地面滑行重复载荷对机身结构来说是较次要的疲劳载荷,但对起落架来说则是重要的疲劳载荷。

需要指出的是,虽然地面滑行重复载荷本身对机体结构造成的疲劳损伤并不严重,但它是构成地－空－地循环载荷中的地面载荷,而地－空－地循环载荷对机体结构的损伤是很严重的。

　　图 5-7 给出了四架同类飞机在 1 000 次飞行中滑行载荷循环次数统计曲线。表 5-2 是美国军用规范所规定的着陆滑行载荷谱。

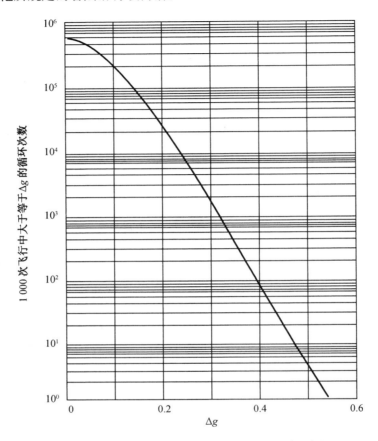

图 5-7　滑行载荷循环次数统计曲线(1 000 次飞行)

表 5-2　每 1 000 次着陆滑行的滑行重复载荷积累出现次数

$|\Delta n_y|\ >$	累积循环数
0.0	494 000
0.1	194 000
0.2	29 000
0.3	2 100
0.4	94
0.5	4
0.6	0.155
0.7	0.005
0.8	0
规范	《MIL - A - 008866B》USAF

除了地面滑行重复载荷外,地面刹车、转弯及牵引等操作也将造成结构的疲劳损伤。不过这些载荷对飞机机体结构寿命影响不大,常忽略不计。但是,在考虑起落架的寿命时,若要对起落架的寿命进行较准确的分析,则由刹车、转弯及牵引等操作引起的载荷也是要充分考虑的因素。

5. 地－空－地循环载荷

图5－8是飞机地－空－地循环载荷示意图。所谓地－空－地循环载荷,是指从地面最小负过载(A点)上升到空中最大正过载(B点),再回到地面最小负过载(C点)所组成的循环载荷。过去曾把地－空－地循环看作从地面一个g到空中一个g再回到地面一个g。试验证明,取地面最小负过载到空中最大正过载再回到地面最小负过载作为一个循环,更接近疲劳试验的结果。这种循环载荷一次飞行仅作用一次,属于次数较少而幅值变化较大的一种循环载荷。这种重复载荷对飞机寿命有较大影响,特别是运输类型的飞机。

对于有气密座舱的机身结构,地－空－地循环载荷主要是由内外压差(Δp)引起的,机身内外压差的关系如图5－9所示。起飞时压差为零,随着飞行高度的增加,压差也跟着增加,至巡航高度时,压差基本保持不变,下降时,压差又随之减少,至地面时,压差又降到零。

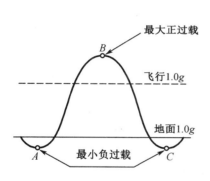

图5－8 地－空－地循环载荷示意图

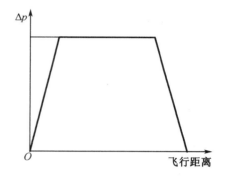

图5－9 机身内外压差的关系

应该指出,每次飞行时,飞机所遇到的重复载荷是各不相同的。因此,地－空－地循环载荷对于每次飞行也不相同。在确定地－空－地循环载荷时,应考虑不同情况出现的概率。这里不做详细介绍,只给出某飞机在疲劳裂纹扩展寿命计算中所采用的地－空－地循环载荷谱(表5－3)。

表5－3 地－空－地循环载荷谱

情况	g_{max}	g_{min}	频数/飞行
1	1.537	−1.348	0.81
2	1.783	−1.348	0.081
3	1.537	−1.423	0.081
4	1.783	−1.423	0.008 1
5	1.537	−1.490	0.008 1

表 5 - 3（续）

情况	g_{max}	g_{min}	频数/飞行
6	2.11	-1.348	0.008 1
7	2.49	-1.348	0.000 9
8	1.537	-1.565	0.000 9
9	2.11	-1.423	0.000 81
10	1.783	-1.490	0.000 81

除以上介绍的几种载荷外,发动机噪声、尾翼抖震、螺旋桨引起的振动,以及热环境引起的载荷等也属于疲劳载荷。这些载荷有的仅影响飞机结构的局部区域,有的将作为专门问题来处理,这里不做详细介绍。

5.1.3 疲劳载荷谱的编制

1. 军用飞机载荷谱编制原则

（1）载荷谱应包含所有重要的重复载荷,如机动载荷应包括对称和非对称机动载荷,突风载荷应包括水平突风载荷和垂直突风载荷等。

（2）应根据飞机的典型飞行任务剖面和各任务剖面在整个寿命期内使用比例作为编谱的基础。每个典型飞行任务剖面应考虑质量、重心位置、高度、速度和过载的变化。

（3）军用飞机的使用,绝大部分时间是平时的训练飞行,约占整个飞机使用寿命期的95%,实际作战飞行约占使用寿命期的5%,因此应以平时训练使用为主进行编谱,并以机动飞行载荷为主,对受特殊载荷的部件还应考虑特殊载荷与机动载荷的叠加（如尾翼的突风载荷与机动载荷的叠加）。

（4）载荷谱应尽可能按飞—续—飞的方式编制。

2. 载荷谱编制方法

载荷谱编制从形成法向过载、超载数曲线和确定典型状态的技术途径考虑可分为三类编谱方法,即按规范编谱、采用实测数据编谱和采用飞行模拟法编谱。在编谱中重点是确定和排列机动载荷。

按规范编谱,是根据确定的一组典型设计任务剖面在整个寿命期内的使用时间,由规范给出的1 000飞行小时的各级过载频次,按不同过载级组合各个任务段的对应频次,最终得到1 000飞行小时的重心谱。然后,根据典型任务剖面中在不同任务段内可能做的机动动作和过载发生次数对重心谱做必要修正。另外,须形成飞机重心处法向过载超越数曲线,以及对超越数曲线的离散化,最后形成各级名义过载对应的发生次数。在过载级顺序的排列及飞—续—飞载荷谱的编制中,应进行机动分析和典型载荷状态的确定。例如,在超声速飞行时一般很少有非对称机动飞行,而当$Ma<1$的亚声速飞行时非对称机动飞行和对称机动飞行均存在,对战斗机而言非对称机动飞行会占35%。在对称机动飞行中应考虑急剧俯仰机动的适当比例（15%～30%）。典型载荷状态确定主要指过载峰谷值瞬间对应

的飞行参数与其他参数组合起来确定载荷状态。新机设计时,若新机的任务和性能与原有类似飞机相差较大,则一般采用按规范编谱法。但必须参照类似飞机实测数据和利用飞行模拟法进行修正,飞机制造后应根据真实飞行数据对载荷谱做最后修正。

利用实测数据编谱主要是为飞机正式定寿,尤其是用于现役飞机定寿、延寿。因此,可以采用该飞机的实测数据编谱。要获得能很好地反映飞机实际飞行的载荷谱,就要根据飞行员训练大纲和实际使用情况,经过统计组合法或典型分类选取法,确定实测飞行任务剖面和实测飞行参数,对实测数据进行处理和载荷状态的确定,获得重心法向过载谱和载荷状态后,再进行飞—续—飞载荷谱的编制,其方法与其他方法相同。

飞行模拟法编谱主要用于常规或传统方法编制的载荷谱与高性能、大机动的新机载荷谱有较大差别的情况。其目的首先是提高每个典型任务剖面所确定的可能做的机动飞行,以及该机动飞行的飞行高度、马赫数、法向过载值,以及发生次数的可靠性和真实性。可采用典型机动模拟方法,由具有不同技术水平的飞行员操作地面飞行模拟器实施模拟(模拟器中输入新机的各种性能参数、发动机参数、结构质量分布参数、飞机构型和飞行控制律等),对模拟后所得到的飞机机动过程中的全部参数进行统计分析,以便得到更真实的基本机动谱。基本机动谱代表飞机实际使用过程中上百个机动飞行过程和在规定使用期内的发生次数。在完成每一层的机动飞行时间历程后,都有一组相应的随时间变化的飞行参数,同时相应有一组载荷随时间变化的历程,并且飞机各个部位随飞行参数不同将出现不同的载荷变化历程。因此,需要通过六自由度的飞行控制模拟计算程序进行计算,最终得到各种机动动作所对应的载荷峰谷值和结构部位的应力谱峰谷值。

3. 疲劳载荷谱的种类

(1)常幅谱

所有循环载荷的峰值相等和谷值相等的载荷 – 时间历程被称为常幅谱。描述一个常幅疲劳载荷谱需要两个参数,如图 5 – 10 所示。设最大应力为 s_{max} 和最小应力为 s_{min}。定义应力幅值 s_a、平均应力 s_m、应力比 R,则有

$$s_a = \frac{s_{max} - s_{min}}{2}$$

$$s_m = \frac{s_{max} + s_{min}}{2}$$

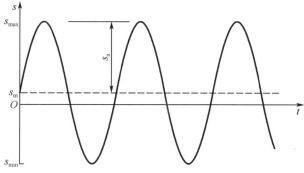

图 5 – 10　常幅谱示意图

$$R = \frac{s_{\min}}{s_{\max}} \qquad\qquad (5-4)$$

若应力比 $R = -1$，则称之为对称循环疲劳载荷；若 $R = 0$，则称之为脉动循环疲劳载荷。5 个参数中只要知道其中任意 2 个，就可求出其他 3 个参数。

常幅谱的最大值 $s_{\max}$ 和最小值 $s_{\min}$ 不随时间而变。常幅谱常用于材料疲劳性能试验，也用于疲劳分析方法的研究，有时还用于比较两个结构的疲劳性能的优劣。

（2）块谱

载荷 - 时间历程具有周期性重复的疲劳载荷谱被称为块谱，也被称为程序块谱，如图 5 - 11 所示。试验结果表明，当整个寿命期内块谱的块数较少（如只有几块时），则块的不同编排对疲劳寿命有一定的影响；而当块数较多时，则不管块谱如何编排，疲劳寿命基本相同。通常，程序块谱的每个小块采用低高低的方式编排；有些谱则根据工程结构的实际情况按某种方式对各块进行编排，例如对飞机结构，可按任务剖面编排。

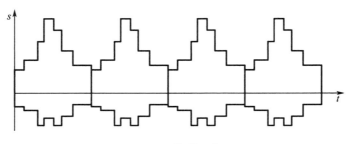

图 5 - 11　块谱示意图

通常块谱是以表格的形式给出的，如表 5 - 4 为某飞机结构细节 100 飞行小时所受到的某任务剖面的飞行载荷谱。表中的载荷作用次数可能为小数，这一载荷谱可以直接用于疲劳寿命的分析计算；在用于试验时，小数向后累积，当累积次数大于或等于 1 时，在所对应的块中加一次循环。

表 5 - 4　某飞机结构细节 100 飞行小时所受到的某任务剖面的飞行载荷谱

级数	1	2	3	4	5	6	7	8	9
$s_{\max}$/MPa	76.5	74.0	80.5	109.0	104.0	148.4	127.5	117.0	80.0
$s_{\min}$/MPa	20.0	10.5	0.0	20.0	0.0	20.0	30.0	0.0	9.5
载荷作用次数	520.6	106.0	19.0	3.5	11.0	0.1	0.8	1.6	8.0

（3）随机谱

载荷的大小和次序毫无规律可循的载荷 - 时间历程被称为随机谱。工程实践中的随机谱是将实测和/或分析得到的载荷按结构服役过程中的受载特点进行随机编排得到的，是一种伪随机谱。目前已有多种随机编谱的方法，各行业也有各自的做法。本书介绍一种飞机结构疲劳载荷随机谱的编排方法，其编制过程比较简单。

飞机结构的疲劳载荷随机谱通常按一个任务(段)接一个任务(段)来编制。首先准备好结构所受到的总谱,并准备好相应的随机数列;然后以循环为单位从总谱中取数,编制成飞—续—飞随机谱。下面以表5-5给出的谱为例,编制随机谱。

表5-5　总谱及其编号

级数	s_{max}	s_{min}	循环次数	编号
1	76.5	20.0	52 060	0~52 059
2	74.0	10.5	10 600	52 060~62 659
3	80.5	0	1 900	62 660~64 559
4	109.0	20.0	350	64 560~64 909
5	104.0	0	1 100	64 910~66 009
6	148.4	20.0	10	66 010~66 019
7	127.5	30.0	80	66 020~66 099
8	117.0	0	160	66 100~66 259
9	80.0	9.5	800	66 260~67 059

①总谱:设该飞机的设计寿命为 10 000 飞行小时,每次飞行平均为 45 min。这样,总共有 12 500 次飞行起落,总循环载荷次数 $M = 67 060$ 次。

②每次起落所受循环载荷次数:10 000 设计飞行小时寿命共有起落数 $L = 12 500$ 次,每次起落所受到的循环载荷次数为 $NF = M/L = 5.364 8$,对其向上归整,取 $NF = 6$,即相应于一个起落抽取 6 个随机号。因此伪随机数的长度应大于或等于 $NF \cdot L = 75 000$。

③伪随机数列:准备伪随机数列,其周期 $T = 75 000$。伪随机数列可通过数学算法求得,如乘同余法、混合同余法等。

④抽号编谱:按伪随机数在总谱中抽号。若第 i 个随机数目 m_i 满足 $M \leqslant m_i < T$,则第 i 次抽号为空号,该次抽号有效,但本次起落少一次循环载荷。如对于本例,前几次起落对应的随机载荷系列为

第 1 次起落:0—76.5—20—76.5—20—76.5—20—76.5—20—76.5—20—

第 2 次起落:76.5—20—74—10.5—74—10.5—76.5—20—76.5—20—

第 3 次起落:76.5—20—76.5—20—76.5—20—76.5—20—74—10.5—76.5—20—

第 4 次起落:76.5—20—74—10.5—76.5—20—76.5—20—76.5—20—76.5—20—

第 5 次起落:74—10.5—74—10.5—74—10.5—76.5—20—80—9.5—76.5—20—

由此可以看到,每个起落包括空号共 6 次循环,而实际的载荷循环次数可能是不同的,如第 1、2 个起落是 5 次,而第 3、4、5 个起落为 6 次。上述峰谷值如图 5-12 所示。

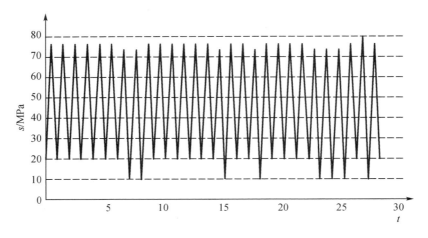

图 5 – 12　某飞机随机载荷谱

5.2　随机载荷谱及雨流法

◉ 5.2.1　随机载荷谱

恒幅载荷作用下的疲劳寿命估算,可直接利用 $S - N$ 曲线。变幅载荷谱下的寿命预测,如前所述,借助 Palmgren-Miner 理论也可以解决。现在进一步研究随机载荷的处理。若能够将随机载荷谱等效转换为变幅或恒幅载荷谱,则可利用以前的方法分析疲劳问题。

目前,计数法有很多种,如穿级法、峰谷值法、幅值法、幅值对法和雨流法等。其中,与其他计数法相比,雨流法在理论上与疲劳损伤联系密切,符合材料的疲劳损伤规律,且它能计算出整个载荷历程中所有大小的、完整的应力循环,在应用上具有较高的精度,且易于用计算机编程进行统计计算。因此,在国内外工程界,雨流法的应用最为广泛。

随机载荷谱的若干定义如图 5 – 13 所示。它给出了载荷随时间任意变化的情况,也称为“载荷 – 时间历程”。这种载荷谱,一般都是通过典型工况实测得到的。在讨论用计数法将随机谱转换为变幅载荷谱之前,我们先按照“疲劳分析循环计数标准方法”(ASTM E1049 – 85),介绍有关定义。

(1)载荷:表示力、应力、应变、位移、扭矩、加速度或其他有关的参数等。

(2)反向点:载荷 – 时间历程线斜率改变符号的位置。斜率由正变负的点,称为“峰”,斜率由负变正的点,称为“谷”,峰点和谷点均为反向点。在恒幅循环中,一个循环有两次反向。

(3)变程:相邻峰点、谷点载荷值之差。从谷到后续峰值载荷间的变程,斜率为正,称为正变程;从峰到后续谷值载荷间的变程,斜率为负,称为负变程。

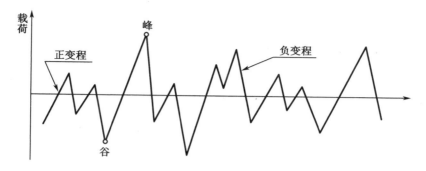

图 5 – 13　随机载荷谱的若干定义

◉ 5.2.2　雨流法

　　载荷 – 时间历程的统计处理方法很多,与局部应力应变法的稳态法原理相一致的计数方法是雨流法。雨流法建立在对封闭的应力应变迟滞回线进行逐个计数的基础上,较好地反映了随机加载的全过程。图 5 – 14 解释了材料的迟滞回线与加载峰谷值之间的关系。图中一个大循环是 1—4—7;其小循环 2—3—2′进入塑性,形成一个小的迟滞回线,小循环 5—6—5′没有进入塑性,其迟滞回线是一条线。从稳态法的角度,这一加载历程可以看作由一个大循环和两个小循环组成。

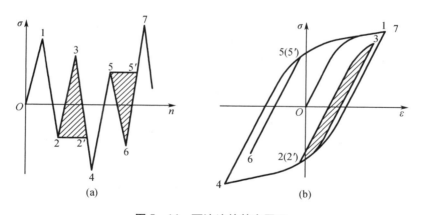

图 5 – 14　雨流法的基本原理

　　雨流法也叫塔顶法,其名称来源于雨流处理的一种形象比拟。将载荷 – 时间历程顺时针转 90°,如图 5 – 15 所示,想象雨水从起始点往下落,并遵循如下规则:
　　(1)雨流的起点依次在每个峰(或谷)的内侧;
　　(2)雨流在下一个峰(或谷)处落下,直到有一个比其更大的峰(或更小的谷)为止;
　　(3)当雨流遇到来自上面屋顶流下的雨流时就停止;
　　(4)取出所有的全循环,并记录下各自的幅值和均值。
　　图 5 – 15 解释了雨流法原理。第一个雨流自点 0 处第一个谷的内侧流下,从 1 点落至

$1'$后流至5,然后下落。第二个雨流从峰1点内侧流至2点落下,由于1点的峰值低于5点的峰值,故停止。第三个雨流从谷2点的内侧流到3,自3落下至$3'$,流到$1'$处遇到上面屋顶流下的雨流而停止。如此下去,可以得到如下的计数结果:全循环7个:3—4—$3'$、1—2—$1'$、6—7—$6'$、8—9—$8'$、11—12—$11'$、13—14—$13'$和12—15—$12'$;变程0—5、5—10、10—15、15—16和16—17,这些变程构成了低 – 高 – 低谱。因为10点和16点值相等,所以可以处理成图5 – 16(a)或图5 – 16(b)的结果。

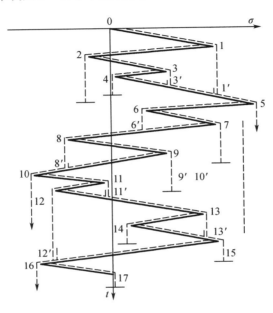

图5 – 15　雨流法原理

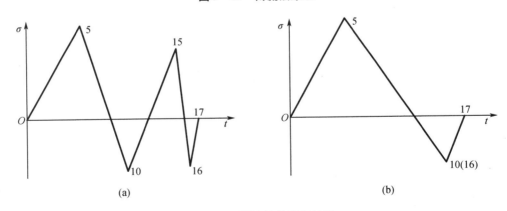

图5 – 16　雨流法的处理结果

5.2.3　雨流法计算规则

从载荷历程中删除雨滴流过的部分,对各剩余历程段,重复雨流计数,直至再无剩余历程为止。如图5 – 17所示,第二次雨流得到BCB'和EHE'循环;第三次雨流得到FGF'和IJI'

循环;计数完毕。

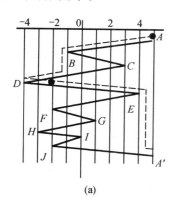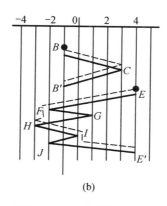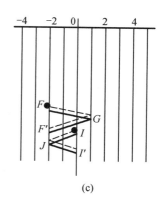

图 5 – 17 雨流计数过程

上述雨流计数的结果列入表 5 – 6。表中给出了循环及循环参数。载荷如果是应力,则表中所给出的变程是 Δs,应力幅值则为 $s_a = \Delta S/2$,平均应力 s_m 即表中的均值。所以,雨流法是二参数计数。有了上述两个参数,循环就完全确定了。与其他计数法相比,简化雨流法的另一优点是计数的结果均为全循环。

表 5 – 6 雨流法计数结果

循环	变程	均值
ADA'	9	0.5
BCB'	4	1
EHE'	7	0.5
FGF'	3	− 0.5
IJI'	2	− 1

典型段计数后,其后的重复,只需考虑重复次数即可。

实际载荷谱,即使是其典型段,也常常包括大量的数据。因此,有必要利用计算机处理随机谱的计数。

简化雨流法的计算规则如下,可供编制程序参考。

(1)选取由最大峰或谷处起止的典型段,按载荷谱顺序输入各峰、谷值,直至数据完毕。

(2)读入下一峰、谷值。若数据完毕,则停止。

(3)若数据点数少于3,则返回(2);若数据点数大于或等于3,则由最后读入的3个峰、谷值,计算变程 X 和 Y。在这三点中,第一点与第二点之差的绝对值为 Y;第二点与第三点之差的绝对值为 X。

(4)比较 X 和 Y 的大小。若 $X < Y$,则返回(2);若 $X \geqslant Y$,则进行(5)。

(5)将变程 Y 记作一个循环,删除与 Y 相应的峰、谷值,返回(3)。

如图 5 – 17 所示的谱段,峰、谷点与相应的峰、谷值列于表 5 – 7 中。

表 5 – 7　峰、谷点与相应的峰、谷值

峰、谷点	A	B	C	D	E	F	G	H	I	J	A′
峰、谷值	5	-1	3	-4	4	-2	1	-3	0	-2	5

对于表 5 – 7 中之谱段,读入 A、B、C 三点后,有 $Y = |A - B| = 6$;$X = |B - C| = 4$。因为 $X < Y$,返回(2),再读入数据 D

由 B、C、D 三点,有 $Y = |B - C| = 4$;$X = |C - D| = 7$。因为 $X > Y$,将 BC 记为一循环,参数为 $\Delta s = 4$,$s_m = 1$。删除 B、C 点,剩余数据为 A、D 二点,返回(2),再读入数据 E。

由 A、D、E 三点,有 $Y = |A - D| = 9$;$X = |D - E| = 8$。$X < Y$,返回(2),读入数据 F。

由 D、E、F 三点,有 $Y = |D - E| = 8$;$X = |E - F| = 6$。$X < Y$,返回(2),读入数据 G。

由 E、F、G 三点,有 $Y = |E - F| = 6$;$X = |F - G| = 3$,$X < Y$,返回(2),读入数据 H。

由 F、G、H 三点,有 $Y = |F - G| = 3$;$X = |G - H| = 4$。因为 $X > Y$,将 FG 记为一循环,有 $\Delta s = 3$,$s_m = -0.5$。删除 F、G 点,返回(3),剩余数据为 A、D、E、H 四点。

由 D、E、H 三点,有 $Y = |D - E| = 8$;$X = |E - H| = 7$。$X < Y$,返回(2),再读数据 I。

由 E、H、I 三点,有 $Y = |E - H| = 7$;$X = |H - I| = 3$。$X < Y$,返回(2),再读数据 J。

由 H、I、J 三点,有 $Y = |H - I| = 3$;$X = |I - J| = 2$。$X < Y$,返回(2),再读数据 $A′$。

由 I、J、$A′$ 三点,有 $Y = |I - J| = 2$;$X = |J - A′| = 7$。因为 $X > Y$,将 IJ 记为一循环,$\Delta s = 2$,$s_m = -1$。删除 I、J 点,返回(3),剩余数据为 A、D、E、H、$A′$ 五点。

由 E、H、$A′$ 三点,$Y = |E - H| = 7$;$X = |H - A′| = 8$。有 $X > Y$,将 EH 记为一循环,$\Delta s = 7$,$s_m = 0.5$。删除 E、H 点,返回(3),剩余数据为 A、D、$A′$ 三点。

由 A、D、$A′$ 三点,有 $Y = |A - D| = 9$;$X = |D - A′| = 9$。有 $X = Y$,将 AD 记为一循环,$\Delta s = 9$,$s_m = 0.5$。删除 A、D 点,返回(3),剩余数据为 $A′$ 一点。返回(2),再无数据可读入,计数结束。

可见,所得的结果与之前一致。

简化雨流法程序框图如图 5 – 18 所示。

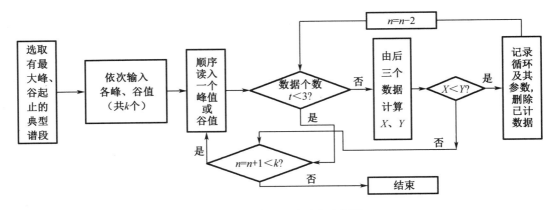

图 5 – 18　简化雨流法程序框图

随机载荷谱经过计数后,给出了若干不同的循环。将这些循环归并为若干载荷级后,即可编制相应的变幅载荷块谱,进行试验或寿命预测。

5.3 裂纹形成及扩展的损伤当量折算

在编谱过程中,总出现频数很高、幅值很小的载荷,此类载荷统称高频数小载荷。对零部件进行全尺寸试验时,施加此类载荷所需的时间常常占总试验时间的大部分。因此,必须将高频数小载荷按疲劳损伤等效的原则,折算成低频数大载荷,以压缩试验时间。在裂纹形成阶段,常以 Miner 线性累积损伤理论作为损伤当量折算的基础。Miner 线性累积损伤理论以"循环比"表示疲劳损伤度,当整个工作期间各级应力水平对构件所造成的损伤度总和累积至 1(100%)时,构件即发生疲劳破坏(出现工程裂纹)。

设在一个周期内应力幅值 s 包含 $i = 1,2,\cdots,h$ 级;应力均值 s_m 包含 $j = 1,2,\cdots,k$ 级,则根据 Miner 线性累积损伤理论可知,某应力水平 (s_{ai},s_{mj}) 造成的损伤为

$$D_1 = \sum_{j=1}^{k} \sum_{i=1}^{h} \frac{n(s_{ai},s_{mj})}{N(s_{ai},s_{mj})} \tag{5-5}$$

式中,$n(s_{ai},s_{mj})$ 为载荷谱一周期内应力水平 (s_{ai},s_{mj}) 对应的循环数;$N(s_{ai},s_{mj})$ 为应力水平 (s_{ai},s_{mj}) 单独作用下的破坏循环数(裂纹形成寿命)。若以 s_{eq} 和 n_{eq} 分别表示某一当量应力水平和当量循环数,N_{eq} 表示在此当量应力水平单独作用下的破坏循环数,根据线性累积损伤理论,当量应力循环所造成的损伤为

$$D_2 = \frac{n_{eq}}{N_{eq}}$$

根据损伤等效原则,令 $D_2 = D_1$ 可得

$$\frac{n_{eq}}{N_{eq}} = \sum_{j=1}^{k} \sum_{i=1}^{h} \frac{n(s_{ai},s_{mj})}{N(s_{ai},s_{mj})} \tag{5-6}$$

利用式(5-6)进行损伤当量折算时,等式右边为一已知数值。从待折算的各级应力循环中选取一较大应力水平作为当量应力水平 s_{eq},根据广义 $S-N$ 曲面方程,求得在当量应力水平作用下的破坏循环数 N_{eq}。由于将较小的各级应力水平向较大的当量应力水平折算,根据式(5-6)求得的当量循环数 n_{eq} 较低,据此进行疲劳试验可大量节省时间。

实验表明:高频数小载荷的应力循环不受加载先后次序的影响。表5-8和表5-9分别列出合金钢(30CrMnSiNi2A)和铝合金(LY12)试样的裂纹形成寿命试验结果。试验是在随机加载下进行的,试样为板材,应力集中系数 $K_t = 3.667$。可以看出:按加速谱加载对构件造成的损伤与原实测谱的结果一致,即二者给出的裂纹形成寿命(周期数)相当。但加速试验可大量压缩时间,其所占用的机时(循环次数)只有原谱的1/4左右。

表 5 - 8　合金钢试样裂纹形成寿命试验结果

试件编号	实测谱试验周期数 （6 906 循环/周期）	加速谱试验周期数 （1 781 循环/局期）
1	36	32
2	35	29
3	40	47
4	37	41
5	—	31
平均值	37	36

表 5 - 9　铝合金试样裂纹形成寿命试验结果

试件编号	实测谱试验周期数 （6 906 循环/周期）	加速谱试验周期数 （1 634 循环/局期）
1	45	45
2	38	43
3	40	60
4	37	38
5	44	26
平均值	40.8	42.4

试验结果表明,在工程裂纹形成以前,低于构件疲劳极限的"欠应力"基本上不引起疲劳损伤,甚至由于诱载强化效应,有时还会对疲劳强度产生有益的影响。即使略高于构件疲劳极限的应力,也很少起作用,当利用式(5 - 6)进行折算时,常给出很小的当量值。但是,一旦由于较大的应力循环使其产生工程裂纹后,与欠应力所对应的应力强度因子变程ΔK就有可能超过疲劳断裂门槛值ΔK_{th}而引起裂纹扩展。在实践中也曾发现,这些对裂纹形成无损伤作用的为数众多的欠应力循环,对裂纹扩展会有贡献。

根据线性累积损伤理论,可将高频数小载荷折算成低频数大载荷。设各级高频数小载荷的应力循环所造成的损伤为

$$D_1^* = \sum_{j=1}^{k} \sum_{i=1}^{h} \frac{n(s_{ai}, s_{mj})}{N^*(s_{ai}, s_{mj})} \tag{5-7}$$

式中,$n(s_{ai}, s_{mj})$为载荷谱一周期内应力水平(s_{ai}, s_{mj})对应的循环数;$N^*(s_{ai}, s_{mj})$为应力水平(s_{ai}, s_{mj})单独作用下的破坏循环数(裂纹扩展寿命)。如以s_{eq}和n_{eq}分别表示某一当量应力水平和当量循环数,N_{eq}^*表示在此当量应力水平单独作用下的破坏循环数(裂纹扩展寿命),则当量应力循环所造成的损伤为

$$D_2^* = \frac{n_{eq}}{N_{eq}^*}$$

根据损伤等效原则,令 $D_2^* = D_1^*$ 可得

$$\frac{n_{eq}}{N_{eq}^*} = \sum_{j=1}^{k} \sum_{i=1}^{h} \frac{n(s_{ai}, s_{mj})}{N^*(s_{ai}, s_{mj})} \qquad (5-8)$$

利用式(5-8)进行损伤当量折算时,等式右边为一已知数值。从待折算的各级应力循环中选取一较大应力水平作为当量应力水平 s_{eq},根据广义断裂 $S-N^*$ 曲面方程,求出在当量应力水平作用下的破坏循环数 N_{eq}^*。同理,由于将较小的各级应力水平向较大的当应力水平折算,所以根据式(5-8)求得的当量循环数 n_{eq} 较低。

实验表明:在裂纹扩展阶段,高频数小载荷的应力循环也不受加载先后次序的影响。表5-10和表5-11分别列出合金钢(30CrMnSiNi2A)和铝合金(LY12)试样的裂纹扩展寿命试验结果。试验是在随机加载下进行的,试样为板材,$a_0 = 0.5$ mm。可以看出,按加速谱加载对构件造成的损伤与原实测谱的结果一致,即二者给出的裂纹扩展寿命(周期数)相当。但加速试验可大量压缩时间,其所占用的机时(循环次数)不到原谱的 1/4。

表5-10　合金钢试样裂纹扩展寿命试验结果

试件编号	实测谱试验周期数 (6 906 循环/周期)	加速谱试验周期数 (1 663 循环/局期)
1	17	18
2	8	8
3	21	19
4	15	19
5	—	4
平均值	15.3	13.6

表5-11　铝合金试样裂纹扩展寿命试验结果

试件编号	实测谱试验周期数 (6 906 循环/周期)	加速谱试验周期数 (1 616 循环/局期)
1	49	42
2	36	60
3	52	46
4	36	35
5	56	35
平均值	45.8	43.6

习题

5.1　试述雨流法的基本原理及其合理性。

5.2　试用雨流法为下述载荷谱计数(图5-19),并指出各循环的应力变程和均值。

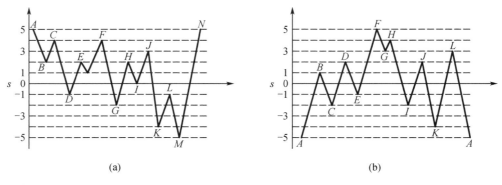

(a)　　　　　　　　　　　　　(b)

图5-19　载荷谱

5.3　目前世界各国采用的飞机结构疲劳载荷谱中,截取级多为10次/1 000次飞行或10次/一个使用寿命,而当代歼击机使用寿命已达到8 000飞行小时或更多的起落次数,运输机使用寿命已超过50 000飞行小时(或起落次数),哪一种取法更偏安全(或保守)一些?你对高载截取准则的选取有何建议?

5.4　在相同型号的飞机群中,A、B和C三架飞机在相同的飞行时间内,由于执行任务的不同形成了三种差别很大的疲劳载荷谱,其超越数谱如图5-20所示,请问哪架飞机的寿命更短?

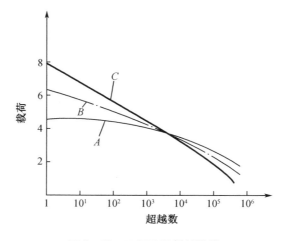

图5-20　三架飞机超越数谱

第6章
飞机结构安全寿命设计方法

　　飞机结构破坏实际上是指飞机结构的关键部位发生了疲劳破坏,所以飞机结构关键部件的疲劳寿命就代表了飞机结构的疲劳寿命。目前对于疲劳寿命有多种定义,如无裂纹寿命、裂纹扩展寿命、全寿命、安全寿命、使用寿命和经济寿命等。安全寿命和使用寿命等概念是考虑了安全系数和疲劳寿命的分散性以后的无裂纹寿命或者全寿命的安全指标。经济寿命则指结构实际使用的寿命,结构使用一段时间后会产生疲劳破损,需进行修复,但到一定寿命后,破损较严重了,不修不能用,再修不经济,此即为经济寿命。

　　无裂纹寿命在全寿命中所占的比例与结构形式、载荷条件、环境和材料等因素有关。对于疲劳试验中的标准小试样(直径一般为 6 ~ 10 mm),试验中一旦发现裂纹,则很快就会发生断裂。这说明小圆棒试样裂纹形成阶段是主要的,裂纹扩展部分占的比例很小,甚至可忽略不计。对于板材的疲劳试验则不然,裂纹扩展可占一半左右,甚至占的比例更大,如带有缺陷的试样。随着冶金技术、加工工艺水平、无损探伤技术的不断提高,在结构的关键部位,在危险的方向上确保无明显初始裂纹(缺陷)的存在,既必要,也可能。构件的无裂纹寿命估算是本章所要介绍的内容。对于裂纹扩展寿命的估算则是损伤容限设计所研究的课题,所以只有把疲劳与断裂力学结合起来,才能圆满地解决实际结构的疲劳断裂破坏。

　　工程上所谓的疲劳裂纹形成常指疲劳裂纹成核并扩展到工程上可检长度(例如裂纹长为 0.5 ~ 1 mm)的阶段,通过疲劳寿命计算,计算出结构的无裂纹寿命,就表明结构在危险部位的小范围内已被破坏了,即产生了工程上较小的可检裂纹(具体长度与结构部位和检测手段等均有关)。估算疲劳寿命的方法可分为名义应力法、应力严重系数法和局部应力－应变法。名义应力法有时称为当量应力集中系数法。应力严重系数法也是一种名义应力估算方法,它是一种专门用于连接件疲劳寿命估算的方法。

6.1　名义应力法

　　飞机结构的安全寿命,主要取决于各个零构件的寿命,因此,构件的安全寿命估算,对评价全机的安全寿命具有重要的意义。经过静强度设计和初步的疲劳分析得到的构件,必须按有限寿命设计观点进行安全寿命估算,并通过疲劳试验来检验它是否达到安全寿命设计要求。对构件进行安全寿命估算的基本步骤是:①分析构件的疲劳应力谱;②采用局部模拟试验测定构件的疲劳性能曲线;③按照积累损伤理论估算构件的安全寿命。

◉ 6.1.1　局部模拟试验

在确定了构件疲劳应力谱后,还需要了解构件的疲劳性能,即得到构件应力谱各应力水平对应的曲线,才能进行安全寿命估算。为了得到构件的 $S-N$ 曲线族,需要数量很大的构件作为试验件,这显然是十分复杂和费用很高的。解决这一问题的一个切实可行的办法就是采用小型元件的局部模拟试验。局部模拟试验是以疲劳破坏的局部性为依据的。很多疲劳破坏的事实指出,当飞机结构中某一主要构件产生疲劳裂纹时,在裂纹的初始形成阶段,其变形是微小的,因此不会引起载荷的重新分配。距裂纹较远的部位,应力水平基本上保持原来的状态,不能分担危险部位处的载荷,这就是疲劳破坏的局部性。根据这一特点,总体结构的疲劳强度主要体现在个别的局部强度上,飞机总体结构的无裂纹的安全寿命,也就取决于某些主要构件的安全寿命,而构件的疲劳强度则又取决于它本身的危险区。所以,如果构件危险区的应力与应变状态能够用一个小试样真实地模拟出来,那么模拟试样疲劳试验确定的曲线就能代表实际构件的疲劳性能。

进行这种局部模拟试验应该满足的条件是,使小型模拟试样与实际件在危险区这一局部的应力与应变尽可能一致。具体来说,要满足以下几个条件:①模拟试样和实际构件的材料及工艺性应该一致;②二者在危险区受力方式(拉压、弯曲等)相同;③二者的应力比 R 相同;④二者在危险区局部的尺寸基本相同,相差不宜过大;⑤二者在危险区局部的应力场应相同。为了做到这一点,首先要使理论应力集中系数 K_t 相同,并且尽可能地还要使截面上的应力分布规律相同,同时使截面上的应力梯度、残余应力与次级应力基本一样。对于应力梯度、残余应力与次级应力的概念,下面做简单的说明。

两个几何相似且均有应力集中的拉伸试样(图 6-1),在最大应力 σ_{max} 相等的条件下,小试样在点 A 的应力梯度(即 $\tan\theta_2$)较大,大试样的应力梯度($\tan\theta_1$)较小。可以看到,应力梯度越小,接近 σ_{max} 的高应力区较厚,有较多的金属结晶颗粒受到高应力的作用,因此,易发生疲劳破坏。对于如图 6-1 所示的两个试样来说,小试样比大试样的疲劳强度高一些,其原因就是应力梯度造成的。

残余应力可分为两种,一种是在进行焊接、铆接、热处理,以及表面喷丸等各种工艺过程中所产生的,此应力在结构使用前就存在;另一种残余应力是在加载过程中产生的。对于有应力集中的构件,当在某一高的拉伸载荷作用下,缺口处的局部拉应力常常会超过材料的屈服应力,使材料强化,并且卸载后局部区域的塑性伸长,不能恢复原状,因而产生了残余压应力。这种残余压应力有抵消拉应力的作用,从而使得构件在承受随后的低的拉应力循环时,处于较有利的工作环境。

对于次级应力,我们举例加以说明。如图 6-2 所示一个两端铰支的梁,在横向载荷作用下产生弯曲变形。如果有一端是活动铰支,则铰支支座将向内移动,中性层并无伸长。但若两端都是固定铰支,则中性层会由于弯曲变形的产生而伸长,因此伴随着产生了拉应力,这种拉应力就是次级应力。

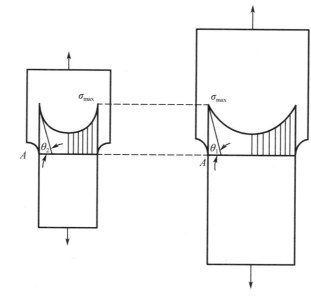

图6-1　有应力集中的拉伸试样

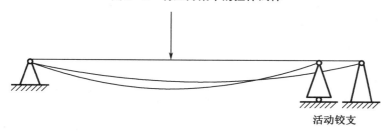

图6-2　两端铰支的梁

再如图6-3所示为一受拉伸载荷的板件。在产生轴向加强件伸长的同时要发生横向收缩,但是,因为在板件中间装有加强件,使得板件在加强部分的横向变形受到限制,于是就产生了横向拉应力,这也是次级拉应力。试验证明,次级应力对疲劳强度也有不可忽略的影响。在实际进行局部模拟试验时,前4个条件与第5个条件中的理论应力集中系数一致比较容易满足,第5个条件的其他因素,特别是应力梯度与次级应力的模拟比较困难。为此,除了需要进行细致的力学分析外,还要通过试验总结这方面经验。当不能更好地做到模拟试

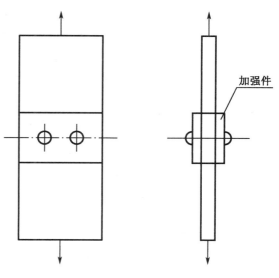

图6-3　受拉伸板件

样与实际构件在危险区局部的应力场相同时,至少要保证有相同的理论应力集中系数。

还要着重指出,在进行某一构建的局部模拟试验时,为检验模拟试验对实际构件的模拟是否合理,必须要和少量实际构件进行对比试验。如果少量实际构件的试验结果和用来模拟它们的模拟试样的试验结果接近,则模拟试样的全部试验结果就可以代表实际构件的疲劳性能。如果实际构件的试验结果与对应的模拟试样的试验结果相差较大,则需要对模拟条件加以检查,以改进模拟试样。

下面仍以民用机机翼大梁为例说明局部模拟试验。对于民用机机翼来说,梁是其主要受力构件,机翼的寿命常常取决于翼梁的疲劳强度。而对翼梁来说,承受拉应力的下突缘上的铆钉孔附近常常常是其疲劳破坏的危险区,假如翼梁采用图6-4(a)所示的工字型,那么进行局部模拟试验可以采用图6-4(b)所示的小试样。下面就对这样的模拟试样和实际翼梁加以分析。

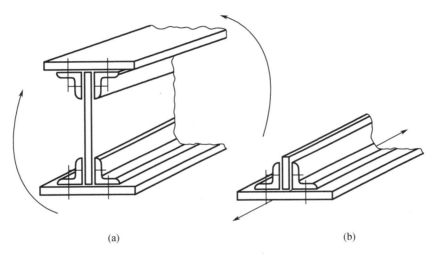

(a)   (b)

图6-4 民用机机翼大梁

(1)二者的材料及工艺性可以做到一致。

(2)翼梁工作时在下突缘上受到拉力,在模拟试样的两端也施加同样大小的拉伸载荷。

(3)试验中可以保证二者所加的交变应力的应力比相同。

(4)模拟试样与实际翼梁在危险区下突缘部分尺寸相同。

(5)关于危险区局部的应力场:

①当模拟试样的外形和尺寸与翼梁危险区部分一致时,可以做到二者的理论应力集中系数相同。

②关于应力分布规律。模拟试样在截面上应力是均布的,翼梁下突缘上的正应力分布严格地说是线性分布(图6-5),但是,由于下突缘的厚度和整个翼梁的高度相比要小得多,所以应力可近似认为是均布的,也就是说,近似认为二者分布规律是相同的。这种近似对于下蒙皮来说比较精确,而对角材部分则有一定的差异。

③由于铆接工艺性得到保证,所以残余应力的情况基本相同。

④由于局部结构一致,所以二者的应力梯度与次级应力的情况也基本一致。

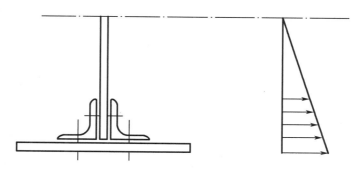

图6－5 翼梁下突缘上的正应力分布

⑤翼梁下突缘的上部承受腹板传递的剪力作用,而小试样上部是自由表面,因此,小试样在上表面的边界条件与真实翼梁有所不同。

从上面的分析可见,模拟试样相当好地模拟了翼梁。如果模拟试验与翼梁的对比试验结果基本一致,那么,用模拟试样在疲劳试验机上进行试验所得到的曲线,即可作为翼梁的安全寿命估算的依据。

◎ 6.1.2 线性累积损伤理论

如果给出了构件的曲线或广义曲面,那么,根据应力 s 及应力比 R,在曲线上就可以直接查出构件在恒幅交变应力 s 单独作用下的破坏循环数 N,也就是构件的寿命。但是,飞机构件在实际工作期间所受的交变应力并不是稳定的恒幅应力,其平均应力与应力幅值都是随机变化的。为了估算出在这种不稳定的交变应力作用下构件的安全寿命,常常采用线性累积损伤理论(有时称之为 Miner 理论)。

设在一个周期内包含有 L 级应力水平 $s_1,s_2,\cdots,s_L$,各级应力水平的循环数分别为 n_1, $n_2,\cdots,n_L$,令 $N_1,N_2,\cdots,N_L$ 分别代表在各级应力水平单独作用下的破坏循环数(可由曲线查得)。线性累积损伤理论认为,疲劳损伤度可用相应的"循环比"来表示,即 $n_1/N_1,n_2/N_2,\cdots$, n_L/N_L,如以 T 表示周期总数,则在整个工作期间各级应力水平对构件所造成的损伤度分别为

$$T\frac{n_1}{N_1},T\frac{n_2}{N_2},\cdots,T\frac{n_L}{N_L}$$

当损伤度总和累积至1(100%)时,即

$$T\sum_{i=1}^{n}\frac{n_i}{N_i}=a \tag{6-1}$$

构件就发生疲劳破坏(出现工程裂纹)。式(6-1)即线性累积损伤理论,或称 Miner 理论。若不计载荷循环先后次序的影响,利用式(6-1)则可估算构件的裂纹形成寿命 T。由于各种复杂因素的影响,式(6-1)左边一般不等于1,而是等于某一个数值 a,即

$$T\cdot\sum_{i=1}^{n}\frac{n_i}{N_i}=a \tag{6-2}$$

大量实验研究表明,a 值与各级应力水平的大小、先后次序及材料类型等因素有关,大致在 0.5 ~ 3.5 的范围内变化。根据试验研究和长期使用经验推荐,在飞机构件安全寿命估算中 a 值一般取 1.0 ~ 1.5。对于比较简单的构件,a 值应取 1.0;对于典型飞机结构部件(如机翼),a 值则可取 1.5。线性累积损伤理论的实质,就是假定各级应力水平作用下造成的损伤可以线性地叠加起来。这种假定与实际情况有不少出入,因此,利用线性累积损伤理论估算安全寿命只能是近似的。线性累积损伤理论计算简单,概念直观,易于为人们接受,所以在飞机疲劳设计中,仍多以此理论作为安全寿命估算的依据。

因为疲劳应力由两个变量(s_a,s_m)描述,所以,可直接利用 $s_a - s_m - N$ 曲面(广义曲面)估算疲劳寿命。设在一个周期内应力幅值 s_a 包含 $i = 1,2,\cdots,h$ 级;应力均值 s_m 包含 $j = 1,2,\cdots,k$ 级,式(6-1)则可推广为二维累积损伤理论:

$$T \cdot \sum_{j=1}^{k} \sum_{i=1}^{h} \frac{n(s_{ai}, s_{mj})}{N(s_{ai}, s_{mj})} = 1 \qquad (6-3)$$

式中,$n(s_{ai}, s_{mj})$ 为载荷谱一周期内应力水平(s_{ai}, s_{mj})对应的循环数;$N(s_{ai}, s_{mj})$ 为应力水平(s_{ai}, s_{mj})单独作用下的破坏循环数(裂纹形成寿命)。当谱应力由二维连续型随机变量表示时,二维概率累积损伤理论公式为

$$T \cdot \int_{(s_m)_{min}}^{(s_m)_{max}} \int_{(s_a)_{min}}^{(s_a)_{max}} \frac{n_T f(s_a, s_m)}{N(s_a, s_m)} ds_a ds_m = 1 \qquad (6-4)$$

式中,n_T 为一个周期内应力循环的总频数;$f(s_a, s_m)$ 为疲劳应力二维概率密度函数;$(s_m)_{max}$、$(s_m)_{min}$、$(s_a)_{max}$ 和 $(s_a)_{min}$ 分别为 s_m 和 s_a 的最大值和最小值。对安全裂纹形成寿命估算时,将式(6-3)中破坏循环数 $N(s_{ai}, s_{mj})$ 和式(6-4)中破坏循环数 $N(s_a, s_m)$ 分别以具有可靠度 P 的 $P - S - N$ 曲面方程和 $N_p(s_{ai}, s_{mj})$ 置换。实验表明:由于受多种因素影响,线性累积损伤一般不等于 1,而为某一变量 a,为了精确地计算寿命 T,a 值可由模拟件实验结果或由已有的同类型全尺寸结构实验结果给出,于是,式(6-3)和式(6-4)可写成

$$T \cdot \sum_{j=1}^{h} \sum_{i=1}^{h} \frac{n(s_{ai}, s_{mj})}{N(s_{ai}, s_{mj})} = a \qquad (6-5)$$

$$T \cdot \int_{(s_m)_{min}}^{(s_m)_{max}} \int_{(s_a)_{min}}^{(s_a)_{max}} \frac{n_T f(s_a, s_m)}{N(s_a, s_m)} ds_a ds_m = a \qquad (6-6)$$

下面通过翼梁下突缘的例子,说明利用线性累积损伤理论进行飞机构件安全寿命估算的方法。考虑如力谱作用下的机翼下突缘,首先将应力谱具体表示出来。对于滑行载荷,平均应力为 -38 MPa;对于突风和机动,平均应力为 100 MPa;着陆撞击所引起的应力也假设在 100 MPa 上下变化。除此之外,每次飞行中还发生一次由 -38 MPa 到 100 MPa 的应力循环,即地-空-地循环。地-空-地循环的平均应力为

$$s_m = \frac{s_{max} + s_{min}}{2} = \frac{100\ \text{MPa} - 38\ \text{MPa}}{2} = 31\ \text{MPa}$$

应力幅为

$$s_a = s_{max} - s_m = 100\ \text{MPa} - 31\ \text{MPa} = 69\ \text{MPa}$$

其他加载情况的应力幅 s_a 在表 6-1 和表 6-2 中给出,表中的应力单位为 MPa,R 是应力比,n_i 是每次飞行出现的次数。破坏循环数 N_i 根据模拟试验所做的各种应力比的 $S - N$ 曲

线得到。当给定 R 值及最大应力 s_{max}，即可查出 N_i 值。对于 $N_i > 10^7$，损伤比 n_i/N_i 可忽略不计。表 6-1 中给出了在前 9 次飞行中，每次飞行的损伤比总和为 7.8×10^{-5}。

表 6-1　前 9 次飞行损伤比

载荷来源	s_m	s_a	R	n_i	N_i	n_i/N_i
滑行	-38	20	3.2	8	$>10^7$	
	-38	40	-39	1	$>10^7$	
突风和机动	100	20	0.67	28	$>10^7$	
	100	40	0.42	1	9×10^5	1.1×10^{-5}
	100	60	0.25	1	2×10^5	5×10^{-5}
着陆撞击	100	20	0.67	1	$>10^7$	
地-空-地	31	69	0.38	1	6×10^4	1.7×10^{-5}
$\sum \dfrac{n_i}{N_i}$						7.8×10^{-5}

第 10 次飞行和前 9 次不同的是包括了 3 次较大的载荷，这些较大的载荷在每 10 次飞行中才遇到一次，表 6-2 中带 * 号的表示由它们所引起的应力。表 6-2 给出了第 10 次飞行的损伤比总和为 2.17×10^{-4}。于是，前 10 次飞行总的损伤比为

$$9 \times 7.8 \times 10^{-5} + 2.17 \times 10^{-4} = 9.19 \times 10^{-4}$$

表 6-2　第 10 次飞行损伤比

载荷来源	s_m	s_a	R	n_i	N_i	n_i/N_i
滑行	-38	20	3.2	8	$>10^7$	
	-38	40	-3.9	1	$>10^7$	
	-38	60*	-4.5	1	3×10^5	0.3×10^{-5}
突风和机动	100	20	0.57	28	$>10^7$	
	100	40	0.42	1	9×10^4	1.1×10^{-5}
	100	60	0.25	1	2×10^4	5×10^{-5}
	100	80*	0.11	1	8×10^3	12.5×10^{-5}
着陆撞击	100	20	0.67	1	$>10^7$	
	100	40*	0.42	1	9×10^4	1.1×10^{-5}
地-空-地	31	69	-0.38	1	6×10^4	1.7×10^{-5}
$\sum \dfrac{n_i}{N_i}$						2.17×10^{-4}

设第 10 次飞行中突风的一个大过载($s_{\mathrm{m}} = 100$ MPa，$s_{\mathrm{a}} = 80$ MPa)使材料强化，提高了疲劳强度。利用强化后的模拟试样试验，得到了强化后构件的 $S-N$ 曲线。采用和确定前 10 次飞行损伤比总和一样的步骤，可以得到强化后(即第 11 次飞行以后)每 10 次飞行的损伤比总和，比如为 6.8×10^{-4}。若总的飞行次数为 T，那么，第 11 次以后损伤比总和应为

$$(T-10) \times \frac{6.8 \times 10^{-4}}{10}$$

取 $a = 1$，按照线性累积损伤理论，可得

$$9.19 \times 10^{-4} + (T-10) \times \frac{6.8 \times 10^{-4}}{10} = 1$$

$$T \approx 14\,700 (\text{次飞行})$$

显见，在确定 T 的过程中，用到了构件强化前与强化后的两组 $S-N$ 曲线，而 $S-N$ 曲线的确定是很花费人力和物力的。如果前 10 次飞行也近似地采用强化后模拟试验的数据，则计算结果是

$$T \times \frac{6.8 \times 10^{-4}}{10} = 1$$

$$T \approx 14\,710 (\text{次飞行})$$

两次计算结果相差很小，可见只要测定出强化后模拟试样的 $S-N$ 曲线族即可，而无须测定强化前的 $S-N$ 曲线。由表 6-1 和表 6-2 可以看出，对机翼下突缘的疲劳损伤，主要是突风和机动引起的，而滑行和着陆撞击的影响很小。根据对有关研究资料的分析，机翼的疲劳损伤大致可分成三种情况：对大型民用机和轰炸机，突风起主要作用；对中型歼击轰炸机，主要是突风和机动；对歼击机，所有的疲劳损伤几乎都是机动引起的。这种说法当然也不是绝对的。例如，某型机翼在起落架内侧(靠近机身一边)突缘和腹板连接角材处，曾出现沿翼展方向的疲劳裂纹。据分析，这种破坏可能是由于着陆撞击时剪力所引起的。由于现代军用飞机的多用途化，有时已不能明显地区分以上三种类型的飞机，需根据实际情况考虑它们的疲劳损伤问题。

6.2 应力严重系数法

飞机结构是由成千上万的零件通过铆钉、螺钉等紧固件连接而成的，所以连接件的寿命估算是飞机结构疲劳寿命估算的一个重要课题。应力严重系数法也是一种名义应力法，主要用于连接件的疲劳寿命估算。由于连接件的疲劳特性在很大程度上受孔的加工情况、紧固件的形式和装配技术等影响，有些影响可通过计算确定，但大部分因素要通过试验才能确定。因此，对结构的连接件进行包括各紧固件所传递的载荷在内的细节分析，找到合适的应力严重系数是确定连接件疲劳强度的关键。

◎ 6.2.1 应力严重系数的概念

图 6 – 6(a)所示是一个承受轴向载荷的组合结构,图 6 – 6(b)所示是从中取出的一个紧固件的连接情况,并把一个紧固件连接的下面一块板拿出来作为分离体(图 6 – 7)。由图可见,板受到的载荷可分成两部分:一部分是由旁路通过的载荷 F,另一部分是由紧固件传递的载荷 ΔF。旁路载荷通过开孔区域时,由于几何形状的改变引起了应力集中(图 6 – 8);对板来说,紧固件传递的载荷使开孔处载荷发生突变,同样也引起应力集中(图 6 – 9)。

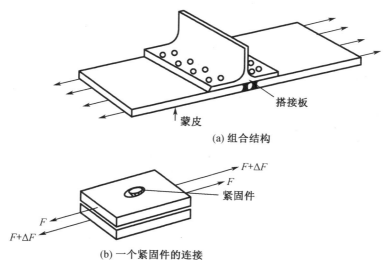

(a) 组合结构

(b) 一个紧固件的连接

图 6 – 6 连接件的简单例子

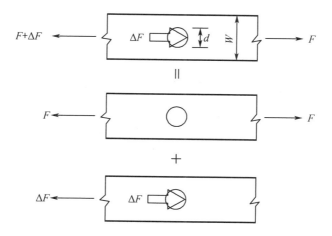

图 6 – 7 紧固件处连接板的受力情况

旁路载荷 F 引起的最大局部应力 σ_1 为

$$\sigma_1 = K_{tg}\frac{F}{Wt} \tag{6-7}$$

式中,K_{tg} 为旁路毛面积应力的集中系数;t 为板的厚度;W 为板的宽度。

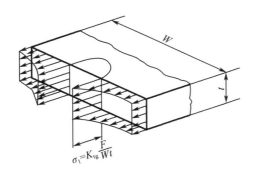

图 6-8 旁路载荷 F 引起的局部应力

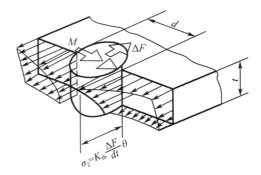

图 6-9 传递载荷 ΔF 引起的局部应力

紧固件传递载荷 ΔF 引起的局部应力 σ_2 为

$$\sigma_2 = K_{tb}\frac{\Delta F}{dt}\theta \tag{6-8}$$

式中,K_{tb} 为挤压应力引起的应力集中系数;d 为钉孔直径;θ 为挤压应力分布系数。

应力集中系数 K_{tg} 和挤压应力集中系数 K_{tb} 都可以从有关应力集中的资料中直接查到,如图 6-10 和图 6-11 所示。挤压分布系数 θ 是考虑孔内侧不均匀挤压的影响,它与板和紧固件的材料、连接厚度与紧固件直径之比,以及紧固件的接头形式等因素有关,一般由试验得到。在初步设计时,如果没有试验数据,可以近似地采用图 6-12 所给的数据。

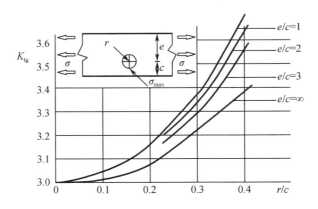

图 6-10 应力集中系数 K_{tg}

孔边的最大应力是式(6-7)和式(6-8)所表示的两部分应力之和,即

$$\sigma_{max} = K_{tg}\frac{F}{Wt} + K_{tb}\frac{\Delta P}{dt}\theta \tag{6-9}$$

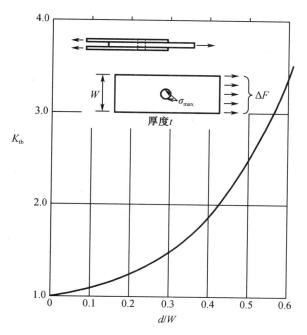

图 6 - 11　挤压应力集中系数 K_{tb}

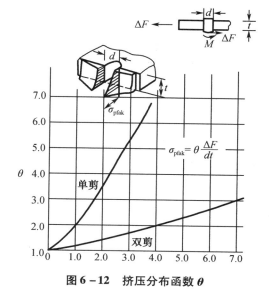

图 6 - 12　挤压分布函数 θ

总的应力集中系数 K_{tA} 为

$$K_{tA} = \frac{K_{tg}\dfrac{F}{Wt} + K_{tb}\dfrac{\Delta P}{dt}\theta}{\sigma_{ref}} \tag{6 - 10}$$

式中, σ_{ref} 为参考应力,可取钉孔附近毛面积的名义应力,即

$$\sigma_{ref} = \frac{F}{Wt} \tag{6 - 11}$$

$$\frac{t}{d} = \frac{厚度}{直径}$$

仅用总应力集中系数 K_{tA} 还不能很好地反映连接件的疲劳特性,因为它还受紧固件的形式和装配形式的影响。考虑了这些影响因素的总应力集中系数就称为应力严重系数(SSF)。SSF 可表示为

$$SSF = \alpha\beta K_{tA} = \frac{\alpha\beta}{\sigma_{ref}}\Big(K_{tg}\frac{F}{Wt} + K_{tb}\frac{\Delta F}{dt}\theta\Big) \tag{6 - 12}$$

式中, α 为孔的表面状态系数; β 为紧固件和连接板配合的填充系数。 α 和 β 一般由试验确定,没有合适的试验数据时,可以粗略地采用表 6 - 3 和表 6 - 4 所列的数据。SSF 用于表征孔边最大局部应力的大小,是一个无量纲系数,反映了结构疲劳品质的优劣,仅受结构配置参数的影响,因此,可以把应力严重系数看作应力集中系数 K_t 来进行疲劳分析和寿命估算。在相同的名义应力水平下,SSF 越大的地方,一般疲劳寿命也越短。

表 6 – 3　表面状态系数 α		表 6 – 4　填充系数 β	
圆角半径	1.0 ~ 1.5	开孔	1.0
标准钻孔	1.0	锁紧钢螺栓	0.75
扩张或铰孔	0.9	铆钉	0.75
冷作孔	0.7 ~ 0.8	螺栓	0.75 ~ 0.9
		锥形锁紧紧固件	0.5
		高 – 虎克紧固件	0.75

对于一块如图 6 – 13 所示承受拉伸载荷的开孔（钻孔）板，由图 6 – 10 查得 $K_{tg} = 3$；由于 $\Delta F = 0$，则无须查 K_{tb} 的值；由表 6 – 3 和表 6 – 4 查得 $\alpha = 1$（标准钻孔），$\beta = 1$（开孔）。把这些数据代入式（6 – 12），得到的应力严重系数

$$\text{SSF} = \frac{1 \times 1}{\dfrac{F}{Wt}} \times 3 \times \frac{F}{Wt} = 3$$

图 6 – 13　受拉伸载荷的开孔板

由此可见，对于开孔板，其应力严重系数就等于它的应力集中系数。图 6 – 14 所示为一简单连接件（铰孔，$t = d$），由前面的有关图表可查得各系数分别为 $\alpha = 0.9$（铰孔），$\beta = 0.75$（铆钉），$\theta = 2.0$（单剪）；旁路载荷为零，传递载荷为 F，所以

$$\text{SSF} = \frac{0.9 \times 0.75}{\dfrac{F}{5dt}} \times \left(\frac{F}{dt} \times 2.0 \times 1.26 \right) = 8.5$$

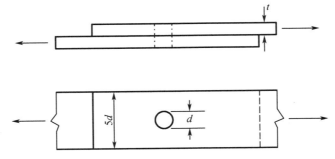

图 6 – 14　一个紧固件连接的简单连接件

上面介绍了应力严重系数的概念及其计算方法。由举例可知，计算应力严重系数的前提条件是必须知道所要计算的每一个孔的旁路载荷 F，以及由紧固件所传递的载荷 ΔF。对

于飞机结构,常规的应力分析一般不会进行如此细致的计算。因此,采用应力严重系数法进行连接件的疲劳分析时,必须先要对所有危险的紧固件的连接区域,进行详细的载荷分布计算,即细节应力分析。除了极为简单的情况以外,这种连接区域载荷分布的计算一般使用结构力学中的矩阵力法或有限元素法,并借助计算机来实现。

采用矩阵力法或有限元法进行应力分析的方法属于"结构力学"课程的范围,这里不做具体介绍,仅简单讨论一下关于计算模型的简化问题。对于飞机常用的铆接连接,通常进行如下简化:

(1)长桁简化为板、杆结构。杆只受轴力,不受弯曲;板只受剪力,不受轴力,其承受正应力的能力归并到杆上。

(2)蒙皮、垫板简化成梁元素(当外载主要为轴力的情况时不计局部弯曲)。

(3)为简单起见,把紧固件视作受剪后转动,倾倒在被连接的板上的拉压轴力杆,其长度任取一小的数值,如 1 mm 等。

上述(1)和(2)的杆、板、梁元素是结构力学中常见的单元,而紧固件在细节应力分析中才用到,按(3)简化的拉压轴力杆的刚度,可用紧固件弹簧常数片来表示,或用紧固件常数 C 来表示($K = 1/C$)。C 一般由试验确定,当没有合适的试验数据时可用经验公式。

如图 6-15 所示为双剪形式的紧固件,取平均厚度 $\bar{t} = (2t_s + t_p)/2$;对于钢板和钢紧固件,或者是铝板、铝带板和铝紧固件的情况,有

$$C = \frac{45.711\,5}{E\bar{t}}\left\{0.13 \times \left(\frac{\bar{t}}{d}\right)^2 \left[2.12 + \left(\frac{\bar{t}}{d}\right)^2\right] + 1.0\right\} \quad (\text{mm/N})$$

式中,E 为紧固件的弹性模量。对于铝板和钢紧固件的情况,有

$$C = \frac{45.711\,5}{E\bar{t}}\left\{0.13 \times \left(\frac{\bar{t}}{d}\right)^2 \left[2.12 + \left(\frac{\bar{t}}{d}\right)^2\right] + 1.87\right\} \quad (\text{mm/N})$$

图 6-15 双剪形式的紧固件

对于如图 6-16 所示的单剪情况,只要用当量厚度 $t_{eq} = t_1 + t_2$ 代替 $\bar{t}$ 即可。

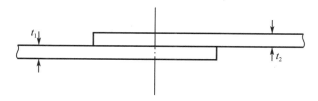

图 6-16 单剪形式的紧固件

◉ 6.2.2 应力严重系数的寿命估算

经过细节应力分析,知道了各孔的传递载荷和旁路载荷,就可以计算各元件上孔的应力严重系数,再结合材料的疲劳特性 $S-N$ 曲线和等寿命图,就可进行寿命估算。这里不仅需要光滑试样($K_t = 1$)的等寿命图,而且需要各种不同应力集中系数的等寿命图,以反映不同应力严重系数孔周围材料的不同疲劳性能。实际上只需有 3、4 种典型应力集中系数的等寿命图就可以,对应于其他应力集中系数的等寿命图,可由这些等寿命图进行内插或外推而得到。

疲劳寿命估算时,把应力严重系数作为相当的应力集中系数,也就是说,具有某一应力严重系数的孔边材料的疲劳寿命,与具有相同大小的应力集中系数的材料的疲劳寿命相等。如图 6-17 所示双重件为某飞机主起落架滑轨上含组合孔的连接件,$dt = 2d_{tb} t = 267.1$ mm²,$W = 182.88$ mm,$t = 7.62$ mm。通过细节应力分析,能够得到双重件在设计载荷 2 622.715 kN ± 2 622.715 kN 作用下,各孔的旁路载荷和传递载荷,以及细节应力分布,并发现孔周围 $\sigma_{ref} = 378.27$ MPa,旁路应力为 $F/(Wt) = 275.61$ MPa,传递载荷 $\Delta F = 143.14$ kN。查得 $K_{tg} = 3K_{tb} = 1.25(2d_{tb}/W = 0.191\ 6)$ 和 $\theta = 1.4$($t/d = 7.62/17.52 = 0.435$,单剪);由表 6.3 和表 6.4 查得 $\alpha = 1.0$(标准钻孔)和 $\beta = 0.75$(铆钉)。将以上数据代入式(6-12),可得

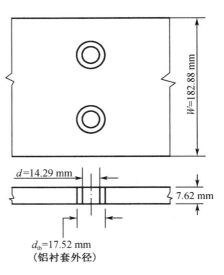

图 6-17 双重件孔处的构造和受力情况

$$\text{SSF} = \frac{a\beta}{\sigma_{ref}} \left(K_{tg} \frac{F}{Wt} + K_{tb} \frac{\Delta F}{dt} \theta \right)$$

$$= \frac{1.0 \times 0.75}{378.27 \text{ MPa}} \left(3.0 \times 275.61 \text{ MPa} + 1.25 \times 1.4 \times \frac{143.14 \text{ kN}}{267.1 \text{ mm}^2} \right) = 3.51$$

上面计算出紧固件载荷是在设计载荷下得到的,实际结构承受 533.433 6 kN ± 533.433 6 kN 的恒幅疲劳载荷,所以必须对设计载荷进行减缩,减缩系数为 533.433 6/2 622.715 = 20.3%,又知铝衬套干涉配合引起的孔周围的预拉压力为 $s_{min} = 30$ MPa,那么双重件实际受载情况为

$$s_{max} = 2 \times 20.3\% \times 378.27 \text{ MPa} = 153.58 \text{ MPa}$$

$$s_a = \frac{153.58 \text{ MPa} - 30 \text{ MPa}}{2} = 61.79 \text{ MPa}$$

$$s_m = \frac{153.58 \text{ MPa} + 30 \text{ MPa}}{2} = 91.79 \text{ MPa}$$

根据等寿命图,由上述疲劳应力可得到循环寿命 N。为了方便,通常根据这些等寿命图

画出相应的应力状态[即(91.79 ± 61.79) MPa]的$K_t - N$曲线(图$6-18$)。由图$6-18$中曲线1可知,当$K_t =$ SSF $= 3.51$时,寿命$N = 47\ 000$次环循。

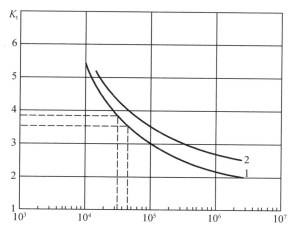

1—应力为(91.79 ± 61.667) MPa;2—应力为(87.3 ± 57.4) MPa。

图6-18 标准铝合金($\sigma_b = 530.54$ MPa)的$K_t - N$曲线

从部件的试验得知,在$N = 33\ 800$次循环时,双重件发现初始裂纹。由图$6-18$中曲线1可知,当$N = 33\ 800$次循环时,相应的$K_t = 3.84$,即SSF $= 3.84$。因此可根据下式来修正α和β

$$\text{SSF} = \frac{\alpha\beta}{378.27}\left(3 \times 275.61 + \frac{1.25 \times 1.4 \times 143.14\ \text{kN}}{267.1\ \text{mm}^2}\right) = 3.84$$

$$\alpha\beta = 0.82$$

在以后的改进设计中,仅在钢锻件端部最后两个紧固件处加上一块垫片,从而减小末端紧固件的载荷分布。仍按式($6-12$)可得SSF,计算时取$\sigma_{\text{ref}} = 356.911$ MPa,$\Delta F = 102.69$ kN,旁路应力为$F/(Wt) = 283.186$ MPa,$\alpha\beta = 0.82$,其他参数同前,因此

$$\text{SSF} = \frac{0.82}{356.911}\left(3 \times 283.186 + \frac{1.25 \times 1.4 \times 102.69\ \text{kN}}{267.1\ \text{mm}^2}\right) = 3.5$$

承受的应力循环为$s_{\min} = 30$ MPa,$s_{\max} = 2 \times 20.3\% \times 356.911$ MPa $= 144.9$ MPa,则$s_a = 57.4$ MPa,$s_m = 87.3$ MPa。对于SSF $= 3.5$和循环应力为87.3 ± 57.4 MPa,从图$6-18$上曲线2可得到改进后的设计的初步估算寿命是$80\ 000$次循环。

6.3 局部应力-应变法

名义应力法和应力严重系数法考虑材料及结构的疲劳特性建立在应力与疲劳损伤的关系上,但实际上,疲劳应力只反映了结构所承受的载荷,而应变则反映了结构内部的变形,它和应力相比与疲劳损伤有更直接的联系,特别是在短寿命区,疲劳应力较大,应力集中部位进入塑性状态,再用$S-N$曲线计算疲劳寿命则差异较大。试验数据表明,在疲劳寿

命小于 10^4 时, $S-N$ 曲线不再适用,必须用应变与疲劳寿命的关系来描述材料的疲劳特性,称为应变疲劳。用应变疲劳方法计算结构寿命的方法称为局部应力－应变法。它的基本理论仍是迈纳线性累积损伤理论,只是计算损伤度不再用名义应力和 $S-N$ 曲线,而是从疲劳危险部位的局部真实应变和 $\varepsilon-N$ 曲线计算结构的损伤。

◉ 6.3.1　局部应力－应变法和名义应力法的关系

常规疲劳设计法是以名义应力为基本设计参数,按名义应力进行抗疲劳设计。目前仍然广泛应用的评价飞机结构疲劳强度的名义应力法存在着某些缺点,其主要不足表现在以下三个方面。

(1)采用名义应力法计算结构的疲劳寿命时,都采用由缺口或光滑试样得到的 $S-N$ 曲线。对于不同的构件,只要有相同的应力集中系数,就认为它们的疲劳特性存在着当量关系。目前,几乎所有实用的几何形状和受载形式的结构元件的应力集中系数 K_t 值,都可由现成的图表或曲线取得。仔细研究发现,具有相同应力集中系数的元件,在缺口根部不一定会有相同的应力,这已被许多事实所证明。

(2)名义应力法所计算的疲劳寿命,传统的说法是指到破坏时的寿命。根据安全寿命的概念,这里所说的"破坏时的寿命"是指出现可检裂纹的寿命,但是,计算中所采用的 $S-N$ 数据往往都是由小尺寸试样得到的,而小尺寸试样的寿命又都是到"断裂"时的寿命,这样,小试样的断裂寿命中包括了裂纹扩展部分。通常,这部分寿命占的比例很小,但对于板状的试样,这部分寿命就占较大的比例,因此,计算结构元件的疲劳寿命与小试样的疲劳寿命相比较,有时候就发生困难。

以上两个缺点概括起来就是一句话:结构与小试样的疲劳特性之间不存在真正的当量关系。

(3)由于应力集中的原因,局部区域的应力常常会超过屈服极限,而使材料进入塑性状态。例如,一个设计得比较好的缺口元件,其理论应力集中系数值可能在 3 左右,于是局部应力 $\sigma=K_t s$ 超过 $\sigma_{0.2}$ 是常有的事。由于局部屈服会导致残余应力,这就对承受变幅载荷结构的疲劳寿命有着重要的影响,如单个高峰载荷或间断高峰载荷会有效地延长结构的疲劳寿命,而名义应力法却不用考虑这些影响,这是它的最本质的缺点。

峰值载荷和缺口根部塑性变形产生的残余应力的情况,可由图 6－19 加以说明。该图的左半部分代表一个载荷谱的名义应力顺序。图中间部分为试样,试样的左半部分代表加载和卸载的净截面的应变分布。当名义应力已恢复到零时,缺口根部仍然存在着较大的应变。试样的右半部分表明加载和卸载的应力状态,缺口根部应力超过了材料的屈服强度。当名义应力已经恢复到零时,缺口附近还存在着一个自成平衡的应力状态,缺口根部有残余压应力。图中右半部分表明对应于名义应力顺序的缺口根部的真实应力顺序。名义应力顺序中一个大载荷发生后,较小载荷循环的平均应力则有所改变,而一个负的峰值载荷又会消除(或部分消除)这一改变。

在疲劳寿命估算中,如果采用应用集中区附近的局部应力和应变代替名义应力,就可以克服前面所说的一些主要缺点。实际上,决定零件疲劳强度和寿命的是应变集中(或应力集中)处的最大局部应力和应变,因此,近代在应变分析和低周疲劳的基础上,提出了一种新的疲劳寿命估算方法——局部应力-应变法。采用某些方法计算疲劳危险部位的局部应力-应变历程,再结合材料相应的疲劳特性曲线进行寿命估算的方法称为"局部应力-应变法"。局部应力-应变法所计算的是缺口边上应力集中最严重区域附近一小块材料的疲劳破坏寿命,所以,它所指的寿命就是缺口边上出现可见裂纹的寿命。它的设计思路是,零构件的疲劳破坏都是从应变集中部位的最大应变处开始,并且在裂纹形成以前都要产生一定的局部塑性变形,局部塑性变形是疲劳裂纹形成和扩展的先决条件。因此,决定零构件疲劳强度和寿命的是应变集中处的最大局部应力或局部应变,只要最大局部应力或局部应变相同,疲劳寿命就相同。因此,有应力集中零构件的疲劳寿命,就可以使用局部应力或局部应变相同的光滑试样的应变-寿命曲线进行计算,也可使用局部应力或局部应变相同的光滑试样进行疲劳试验来模拟。

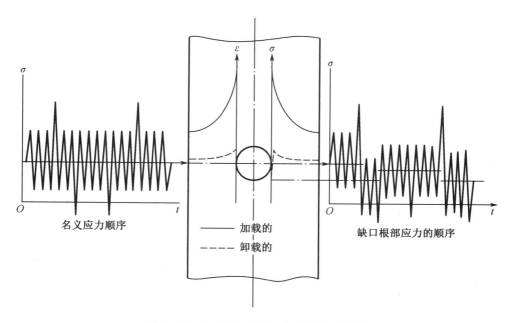

图 6-19　缺口根部应力、应变及残余应力

局部应力-应变法具有以下特点:①由于应变是可以测量的,而且已被证明是一个与低周疲劳相关的参数,根据应变分析的方法,就可以将高周期疲劳寿命和低周疲劳寿命的估算方法统一起来,使用这种方法时,只需知道应变集中部位的局部应力或局部应变和基本材料疲劳性能数据,就可以估算零件的裂纹形成寿命,避免了大量的结构疲劳试验;②这种方法可以考虑载荷顺序对局部应力或局部应变的影响,特别适用于随机载荷下的寿命估算。另外,这种方法易于与计数法结合起来,可以利用计算机进行复杂的计算。

名义应力有限寿命设计法估算出的是总寿命,而局部应力-应变法估算出的是裂纹形成寿命。这种方法常常与断裂力学方法联合使用,用这种方法估算出裂纹形成寿命以后,再用断裂力学方法估算出裂纹扩展寿命,两阶段寿命之和即为零件的总寿命。局部应力-

应变法虽然有很多优点,但它并不能取代名义应力法。这是因为:①这种方法只能用于有限寿命下的寿命估算,而不能用于无限寿命,当然也无法代替常规的无限寿命设计法;②这种方法目前还不够完善,未考虑尺寸因素和表面情况的影响,因此对高周疲劳有较大误差;③这种方法目前仍主要限于对单个零件进行分析,对于复杂的连接件,由于很难进行精确的应力应变分析,目前并未广泛采用。

图 6 – 20 为局部应力 – 应变法流程图。

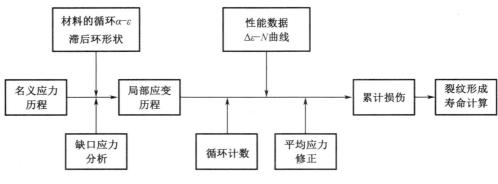

图 6 – 20   局部应力 – 应变法流程图

6.3.2   应力 – 应变迟滞回线和循环应力 – 应变曲线

1. 应力 – 应变迟滞回线(滞后环)

将材料试件首先拉伸加载到 A 点,然后卸载到 O 点,然后再压缩加载到 B 点,再加载到 C 点(与 A 点重合),这样加载和卸载的应力 – 应变迹线 ABC 形成一个闭环,称为迟滞回线或迟滞环,如图 6 – 21 所示。材料在这种循环载荷作用下得到的应力 – 应变迹线,称为应力 – 应变迟滞回线。

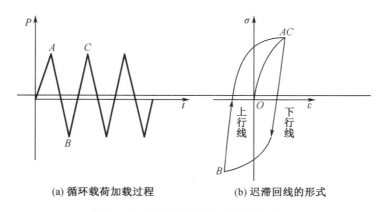

(a) 循环载荷加载过程   (b) 迟滞回线的形式

图 6 – 21   迟滞回线的加载过程与形成

迟滞回线包围的面积代表材料塑性变形时外力所做的功或所消耗的能量,也表示材料抗循环变形的能力。

迟滞回线一开始不稳定,随着循环数的增加而趋于稳定。

2. 循环应力 – 应变曲线

在应变比 $R = \varepsilon_{\min}/\varepsilon_{\max} = -1$ 下,不同的应变幅值可得到不同的稳定循环迟滞回线。以 ε 为横坐标,σ 为纵坐标连接起来的这些迟滞环顶点的曲线称为材料的循环应力 – 应变曲线,如图 6 – 22 所示。

3. 循环应力 – 应变曲线的表达式

循环应力 – 应变曲线的表达式也可以用与单调应力 – 应变曲线相似的公式来表达:

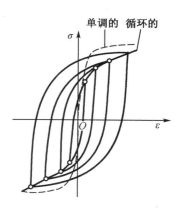

图 6 – 22　循环应力 – 应变曲线

$$\varepsilon = \frac{\sigma}{E} + \left(\frac{\sigma}{K'}\right)^{1/n'} \qquad (6-13)$$

式中　σ——应力幅,$\sigma = K'(\varepsilon_{\mathrm{P}})^{n'}$;

　　　ε_{p}——塑性变形,$\varepsilon_{\mathrm{p}} = \varepsilon'_{\mathrm{f}}(\sigma/\sigma_{\mathrm{f}})^{1/n'}$;

　　　K'——循环强度系数,$K' = \sigma'_{\mathrm{f}}/(\varepsilon'_{\mathrm{f}})^{n'}$;

　　　n'——循环应变硬化指数。$n' = 0.10 \sim 0.20$,均值接近 0.15,其表达式为 $n' = b/c$。

式中,b 为疲劳强度指数,弹性线的斜率,一般情况下 $b = -0.05 \sim -0.12$;c 为疲劳延性指数,塑性线的斜率,一般情况下,对于延性材料 $c = -0.6$;$\varepsilon'_{\mathrm{f}}$ 为疲劳延性系数,$\varepsilon'_{\mathrm{f}} \approx \varepsilon_{\mathrm{f}} = \ln(A_0/A) = \ln(1/(1-\varphi))$;$\varepsilon_{\mathrm{f}}$ 为真断裂延性,为静拉伸断裂时的真应变;A_0 为原始截面积,A 为试样断裂后的实际截面积,φ 为断面收缩率。

4. 应力 – 应变迟滞回线方程

试验表明,大多数工程材料的稳定迟滞回线[图 6 – 21(b)]与放大一倍的单轴循环应力 – 应变曲线形状相似。因此,其迟滞回线的方程可表示为

$$\frac{\Delta\varepsilon}{2} = \frac{\Delta\sigma}{2E} + \left(\frac{\Delta\sigma}{2K'}\right)^{1/n'} \qquad (6-14)$$

同循环应力 – 应变曲线一样,迟滞回线也是随循环数变化的。通常以循环稳定后的迟滞回线来代替材料的迟滞回线。

◎ 6.3.3　应变 – 寿命(ε – N)曲线

在高应力循环范围内,用 ε – N 曲线比 σ – N 曲线更有效。这是因为在高应变情况下,材料进入塑性状态,应力已不再是最有意义的量,而应变显得更重要。

1. 曼森 – 科芬(Manson-Coffin)关系式

一点的总应变等于该点的弹性应变与塑性应变之和,即 $\Delta\varepsilon = \Delta\varepsilon_{\mathrm{e}} + \Delta\varepsilon_{\mathrm{p}}$。在双对数坐标上,弹性应变 $\Delta\varepsilon_{\mathrm{e}}$、塑性应变 $\Delta\varepsilon_{\mathrm{p}}$ 与循环疲劳寿命 N 的关系成一直线,表示为

$$\frac{\Delta\varepsilon}{2} = \frac{\Delta\varepsilon_{\mathrm{e}}}{2} + \frac{\Delta\varepsilon_{\mathrm{p}}}{2} = \frac{\sigma'_{\mathrm{f}} - \sigma_{\mathrm{m}}}{E}(2N)^b + \varepsilon'_{\mathrm{f}}(2N)^c \qquad (6-15)$$

式中,$2N$ 为到破坏的反复次数的疲劳寿命;σ'_{f} 为疲劳强度系数;b 为疲劳强度指数;$\varepsilon'_{\mathrm{f}}$ 为疲

劳延性系数;c 为疲劳延性指数。

式(6-15)称为曼森-科芬方程(M-C方程)。其中,弹性线

$$\frac{\Delta \varepsilon_e}{2} = \frac{\sigma'_f}{E}(2N)^b \qquad (6-16)$$

塑性线

$$\frac{\Delta \varepsilon_P}{2} = \varepsilon'_f(2N)^c \qquad (6-17)$$

将式(6-15)、式(6-16)、式(6-17)画在一个双对数坐标图上,得到通用斜率法的应变寿命曲线,如图6-23所示。

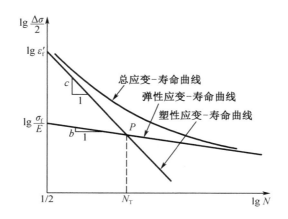

图 6-23 通用斜率法的应变寿命曲线

弹性线和塑性线的交点所对应的寿命 N 称为转变曲线 N_T,$N_T = 10^4 \sim 10^5$。寿命 N 低于转变寿命即 $N < N_T$ 时,塑性应变占优势,属于低循环疲劳范围;寿命 N 高于转变寿命即 $N > N_T$ 时,弹性应变占优势,属于高循环疲劳范围。

2. 莫罗公式

M-C方程是指平均应变为零的情况。如果计算上受平均应力 σ_m 和平均应变 ε_m 的影响,则必须对 M-C 方程进行修正。莫罗提出了比较简单、工程实用的只对平均应力 σ_m 进行修正的公式,即莫罗公式:

$$\frac{\Delta \varepsilon}{2} = \frac{\sigma'_f}{E}\left(1 - \frac{\sigma_m}{\sigma'_f}\right)(2N)^b + \varepsilon'_f(2N)^c \qquad (6-18)$$

式中 σ_m——应变集中处的平均应力。

◉ 6.3.4 估算常幅载荷下疲劳寿命

1. 计算累计损伤和寿命

对于给定名义应力的常幅载荷,每次运行中各种循环次数都一致,故可简化得到每个载荷块(同一应力水平下)的累计损伤和每个载荷块的总寿命。

每个载荷块的累计损伤 D 为

$$D = \sum_{i=1}^{r} (1/N_i) \tag{6-19}$$

每个载荷块的总寿命 N 为

$$N = \frac{1}{D} (\text{迈因纳法则}) \tag{6-20}$$

$$N = \frac{\alpha}{D} (\text{修正的迈因纳法则}, \alpha = 0.68) \tag{6-21}$$

2. 安全使用寿命

前面计算的寿命有分散性,一般需要进行实验模拟,并考虑分散性,给出安全裕度(或称寿命分散系数)。则有

$$\text{安全使用寿命} = \frac{\text{计算寿命} N}{\text{寿命分散系数} S_F}$$

◎ 6.3.5　举例

有一零件,用应变片测得其危险截面循环稳定以后的载荷 – 应变标定曲线为

$$\varepsilon_a = \frac{P_a}{10^6} + \left(\frac{P_a}{0.707 \times 10^4} \right)^2$$

已知零件材料为 45 钢,正火状态,载荷 $P = 1\,200$ N,脉动循环。试估算其疲劳寿命。

解:

(1)解题分析。

估算疲劳寿命可选莫罗公式,即式(6 – 18),其中的变量 σ'_f 和 ε'_f 由式(6 – 13)中的变量说明给出:$\sigma'_f = \sigma_b + 350$ MPa,$\varepsilon'_f = \ln\left(\dfrac{1}{1-\varphi} \right)$,对于疲劳延性指数,取 $c = -6$。

对于疲劳强度指数,考虑弹性线上,由式(6 – 15)计算:$\dfrac{\Delta\varepsilon_e}{2} = \dfrac{\sigma'_f}{E}(2N)^b$。

在循环载荷作用下,材料弹性极限上升,最大值达到 σ_b,对应的寿命为 ∞(可取为转折寿命,$N = 10^6$),则此时存在

$$\Delta\varepsilon_e = \frac{\sigma_b - 0}{E} = \frac{\sigma_b}{E} \tag{6-22}$$

由此考虑把 $N = 10^6$ 及此时的 $\Delta\varepsilon_e$ 代入到式(6 – 22),得到

$$\sigma_b = 2\sigma'_f(2 \times 10^6)^b \quad \text{或者} \quad (2 \times 10^6)^{-b} = \frac{2\sigma'_f}{\sigma_b}$$

对上式两边取对数,得

$$-b \approx \frac{1}{6} \lg \frac{2\sigma'_f}{\sigma_b} \quad \text{或者} \quad b \approx -\frac{1}{6} \lg \frac{2\sigma'_f}{\sigma_b}$$

再由式(6 – 13)的说明,得出循环应变硬化指数

$$n' = b/c$$

得循环强度系数

$$K' = \frac{\sigma'_f}{(\varepsilon'_f)^{n'}}$$

（2）基本参数计算。

由《机械工程手册》查得45钢正火状态时的材料性能为

$$\sigma_b = 623.6 \text{ MPa}, \quad \sigma_s = 376 \text{ MPa}, \quad \varphi = 54.79\%$$

取 $E = 1.96 \times 10^7 \text{ MPa}$。由此得

$$\varepsilon'_f = \ln\left(\frac{1}{1-\varphi}\right) = \ln\left(\frac{1}{1-54.79/100}\right) = 0.798$$

$$\sigma'_f = \sigma_b + 350 = 623.6 + 350 = 973.6 \text{ MPa}$$

$$b = -\frac{1}{6}\lg\left(\frac{2\sigma_f}{\sigma_b}\right) = -\frac{1}{6}\lg\left(\frac{2 \times 973.6}{623.6}\right) = -0.0824, \quad c = -0.6$$

$$n' = \frac{b}{c} = \frac{-0.0824}{-0.6} = 0.137 \quad K' = \frac{\sigma'_f}{\varepsilon'_f{}^{n'}} = \frac{973.6}{0.798^{0.137}} = 1\,004.2$$

（3）求局部应变

加载时服从载荷－应变标定曲线

$$\varepsilon_{max} = \frac{1\,200}{10^6} + \left(\frac{1\,200}{0.707 \times 10^4}\right)^2 = 0.080$$

卸载时服从载荷－应变滞迟回线，利用倍增原理，得载荷－应变滞迟回线的方程为

$$\frac{\Delta\varepsilon}{2} = \frac{\Delta P}{2 \times 10^6} + \left(\frac{\Delta P}{1.414 \times 10^4}\right)^2 = \frac{1\,200}{2 \times 10^6} + \left(\frac{1\,200}{1.414 \times 10^4}\right)^2 = 7.8 \times 10^{-3}$$

$$\Delta\varepsilon = 0.0156, \quad \varepsilon_{min} = \varepsilon_{max} - \Delta\varepsilon = 0.0144$$

（4）求局部应力

加载时服从循环应力－应变曲线，由式（6-13）并用 σ_{max} 代替式中的 σ_σ，ε_{max} 代替式中的 ε_a，可得 $0.080 = \frac{\sigma_{max}}{1.96 \times 10^5} + \left(\frac{\sigma_{max}}{1\,004.2}\right)^{1/0.137}$。

用试算法解得 $\sigma_{max} = 612 \text{ MPa}$。

卸载时服从应力－应变滞迟回线，由式（6-14）得

$$7.8 \times 10^{-3} = \frac{\Delta\sigma}{3.92 \times 10^5} + \left(\frac{\Delta\sigma}{2\,008.4}\right)^{\frac{1}{0.137}}$$

解得

$$\Delta\sigma = 979.7 \text{ MPa}, \quad \sigma_{min} = \sigma_{max} - \Delta\sigma = -367.7 \text{ MPa}$$

$$\sigma_a = \frac{\Delta\sigma}{2} = 489.9 \text{ MPa}, \quad \sigma_m = \sigma_{max} - \sigma_a = 122.1 \text{ MPa}$$

（5）求疲劳寿命

由式（6-15）得应变－疲劳寿命曲线为

$$7.8 \times 10^3 = \frac{973.6 - 122.1}{1.96 \times 10^5}(2N)^{-0.0824} + 0.798(2N)^{-0.6}$$

即

$$7.8 \times 10^3 = 4.344 \times 10^{-3}(2N)^{-0.0824} + 0.798(2N)^{-0.6}$$

解得 $$N = 1\ 942\ \text{次}$$

若取寿命安全系数 $n_N = 5$，则得其安全寿命为

$$N' = N/n_N = 388\ \text{次}$$

习题

6.1 某材料设计所用的 $S-N$ 曲线（已经考虑各种影响因素和安全系数）如图 6－24 所示。一根承受轴向载荷的矩形截面杆，受载荷谱作用，每个载荷块由三个水平的载荷循环组成，载荷水平分别为 44 500 N、26 700 N 和 4 400 N，其循环次数分别为 1 000、19 600 和 10^7 次循环共有 100 个载荷块，试确定该杆的横截面面积。

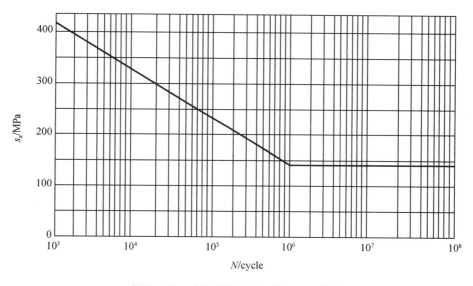

图 6－24 对称循环应力下的 $S-N$ 曲线

0～420 MPa	1 次
0～350 MPa	10 次
0～210 MPa	200 次
0～140 MPa	1 000 次

6.2 某飞机起落架上一耳片在 1 000 次飞行中，承受的应力谱如表 6－5 所示，该耳片的 $S-N$ 曲线数据（$R=0$）如表 6－6 所示。试根据线性累计损伤理论，估算该耳片的平均疲劳寿命（以飞行次数计）。

表 6－5 耳片的应力谱（1 000 次飞行）

载荷序号	s_{max}/MPa	s_{min}/MPa	次数
1	39.6	0	72
2	82.2	0	116

表 6 – 5（续）

载荷序号	s_{max}/MPa	s_{min}/MPa	次数
3	127. 8	0	104
4	173. 4	0	62
5	222. 1	0	31. 2
6	276. 9	0	10. 4
7	328. 6	0	3. 2
8	380. 3	0	0. 6
9	453. 4	0	0. 4
10	553. 8	0	0. 2
11	358. 0	0	2 000
12	159. 3	0	5 000

表 6 – 6 耳片的 $S - N$ 曲线数据（$R = 0$）

最大应力 s_{max}/MPa	600	348	200	142	70	59	36
破坏循环数 N	8.5×10^2	10^4	4×10^2	10^5	10^6	10^7	5×10^7

6.3 试计算承受拉伸载荷的开孔（钻孔）板（图 6 – 25）的应力严重系数,已知 $K_{tg} = 3$。

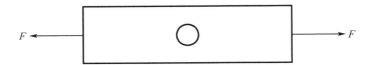

图 6 – 25 受拉伸载荷的开孔板

6.4 已知某连接件（铰孔,$t = d$）如图 6 – 26 所示,根据应力集中手册得 $K_{tb} = 1.26$、$\theta = 2.0$（单剪）,试求该连接件的应力严重系数。

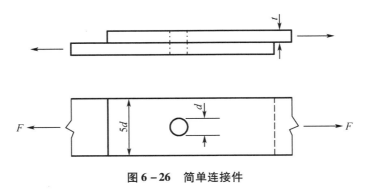

图 6 – 26 简单连接件

6.5 某飞机零件由不锈钢制造,其理论应力集中系数 $K_t = 4.0$,试验测得 $S - N$ 曲线如图 6 - 27 所示。试估计该零件破坏前可飞行次数。

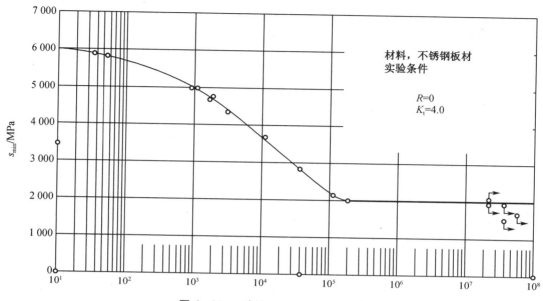

图 6 - 27 不锈钢试样的 $S - N$ 曲线

第 7 章
飞机结构的损伤容限设计

常规的安全寿命设计,是以光滑试样测得的 $S-N$ 曲线为依据,进行疲劳设计。对某些重要的承力构件,即使根据疲劳强度极限给予安全系数设计,构件在使用过程中,有时仍然会发生破坏,这是因为测定材料的疲劳特性与实际构件间有着显著的差别所致。安全寿命设计以构件出现宏观可检裂纹作为疲劳寿命的终点是不合理的,很多构件从裂纹形成到断裂还有相当长的寿命,构件的总寿命应是裂纹形成寿命和裂纹扩展寿命之和。因此,承认构件存在裂纹这一客观事实,并考虑裂纹在交变载荷作用下的扩展性,是疲劳设计的发展和补充。

7.1 飞机结构损伤容限设计概要

在安全寿命设计的基础上,引入破损安全设计,要求某些重要承力构件出现裂纹后,在规定的检修期内仍能安全地工作,允许飞机构件在使用期内出现裂纹,但是要保证裂纹扩展速率很慢,能够使构件有足够的剩余强度继续工作,直到下次检修时进行处理。

◎ 7.1.1 结构损伤容限设计要求

在结构完整性设计中,要求耐久性设计和损伤容限设计作为飞机机体结构的主要设计准则。在设计使用载荷/环境谱作用下,耐久性设计的结构应保证使用寿命大于设计使用寿命和经济寿命的要求(低的使用维修费用)。而损伤容限设计的机体结构,在给定的不修理使用期内,结构因为未查出的缺陷、裂纹和其他损伤的扩展而造成的飞机失事概率应减至最小,以保证机体结构的安全。也就是说,对强度、细节设计和加工制造的评定均应表明,在整个使用寿命期间,机体结构应当避免由于疲劳、腐蚀、制造缺陷或意外损伤而引起灾难性破坏。

结构损伤容限设计有下列三个同等重要的要素:

①高的裂纹扩展阻抗。在使用载荷/环境谱共同作用下,裂纹从可检尺寸扩展至损伤许用值之间的裂纹扩展期较长。这要求材料的断裂韧性好,结构形式具有较好的抗损伤能力。

②临界裂纹尺寸长。结构在剩余强度载荷要求下允许的临界裂纹尺寸较长,或在规定的损伤尺寸下能满足的剩余强度高。

③损伤检查,包括检查部位、检查方法和检查频率。使用的检查方法简便,检查周期较长,即使用维护经济性好。

在飞机的使用寿命期内,这三个要素共同保证飞机使用的安全性和经济性。因此要求在提高三方面性能的同时要进行很好的匹配,以达到既安全可靠又经济性好的目的。

除上述要素外,损伤容限设计还应满足下列要求:

①损伤容限评定必须包括确定由疲劳、腐蚀或意外损伤引起的可能损伤部位和损伤模式。在评定中应考虑重复载荷、静力试验数据及使用经验。

②在评定中必须进行剩余强度和裂纹扩展估算。剩余强度评定必须满足限制载荷要求,裂纹扩展估算应满足合理的检查周期要求,最后进行全尺寸疲劳试验验证。

③对于特定的结构在不能实现损伤容限设计时,可以采用疲劳(安全寿命)评定,但必须有试验数据证实该构件在使用寿命期内,能够承受预期的变幅疲劳载荷而无可检出的裂纹发生,并且必须采用适当的安全寿命分散系数。

④损伤容限(离散源)评定。例如鸟撞、非包容风扇叶片撞击、非包容发动机破坏等,损伤结构必须能承受在飞行中预计很可能发生的静载荷,考虑驾驶员采取适当措施后,飞机有能力成功地完成一次飞行。

⑤进行重要结构的选择。将飞机所有结构进行分类,分成重要结构(PSE)和其他(次要)结构。重要结构是指对承受飞行载荷、地面载荷、气密压力或操纵载荷起重要作用,其失效可能影响飞行安全的细节、零件或部件的结构。该结构的完整性是整个飞机结构完整性的基础。确定重要结构后,应对该结构确定的若干个危险区(关键部位)进行损伤容限设计(或评定)。

⑥确定飞机的载荷谱和环境谱以后,对每个重要结构或关键部位都要确定相应的应力谱和具体的环境谱。

⑦对重要结构中不同的结构形式要确定初始损伤和最大损伤范围的要求(参见后面相关章节)。例如适航条例中规定,对于加筋壁板应考虑中心加强件完整或断裂的蒙皮双跨度裂纹,并且应考虑广布疲劳损伤问题。

⑧广布疲劳损伤要求。广布疲劳损伤(WFD)是指单个构件或多个构件中存在多处损伤。存在广布疲劳损伤会严重影响结构的剩余强度和裂纹扩展寿命,因此损伤容限评估时(尤其对民用飞机),要考虑广布疲劳损伤初始开裂模式,以及裂纹相互影响和各条裂纹扩展状态。适航条例要求,要有足够、充分的试验证明在设计使用寿命期间,可有效地防止和控制广布疲劳损伤发生的可能性。

7.1.2　损伤容限结构类型及危险部位的选择

1. 损伤容限结构类型

损伤容限结构类型由设计概念和可检查度确定,可分为缓慢裂纹扩展结构和破损安全结构两种。

缓慢裂纹扩展结构是指结构中的缺陷或裂纹以稳定、缓慢的扩展速度扩展,在预定的使用期内不允许发生不稳定快速扩展。由于裂纹缓慢扩展,因此可以保证结构安全,同时在未修理使用期内,带有亚临界裂纹(未达到失稳状态)的结构强度和安全性不下降到规定的水平以下。缓慢裂纹扩展结构是根据结构中的缺陷或瑕疵,在使用寿命期间不允许达到不稳定快速扩展所要求的裂纹临界尺寸设计概念所设计的结构。

破损安全结构是指在使用中结构的一个主元件全部或某些部分产生裂纹或破坏,要求在通过定期检查发现这些裂纹之前,还能承受足够的载荷,即结构保持其剩余强度要求,此类结构称为破损安全结构。破损安全结构又可进一步分为破损安全多途径传力结构和破损安全止裂结构。

根据以上结构分类,飞机的重要结构主要有以下三种结构类型。

(1)缓慢裂纹扩展结构

缓慢裂纹扩展结构是通过对设计应力水平的控制和材料的选择,使损伤保持低速扩展并保证在场站或基地级检查中被查出来,在结构的使用周期内不会扩展到临界裂纹尺寸。因此,结构是通过可检查度所规定的使用周期内缓慢裂纹扩展来保证安全的。缓慢裂纹扩展结构有两种结构设计类型,即场站或基地级可检结构和使用中不可检结构。

缓慢裂纹扩展结构所采用的材料和形式等,都应使结构具有较低的裂纹扩展率和较高的剩余强度。图 7 – 1 所示为一个结构在疲劳载荷作用下裂纹扩展长度,以及剩余强度随时间而变化的曲线。结构经一定使用期限后,在时间 t_0 时出现裂纹。但起初裂纹尺寸很小,用现有的任何检查技术均不能被发现。再经过一段时间(如 A 点),裂纹发展到可检尺寸,此时裂纹长度称为最小可检长度。同时,由于裂纹的扩展,结构的剩余强度也在随着时间而降低。如果剩余强度仍大于所需要的最小强度 – 破损安全强度(根据设计规范确定),则结构仍是安全的。当裂纹长度扩展到 B 点时,结构的剩余强度恰好等于破损安全强度,此时裂纹长度达到临界裂纹长度。从 t_A 到 t_B 这段时间内,虽然存在裂纹,但结构是安全的,这段时间可供检测以发现裂纹。为了安全运行,在这一期间内应做多次检查,因为

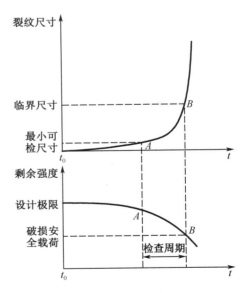

图 7 – 1 通过损伤容限设计保证结构破损安全图

在一次检查中,最小的可检裂纹可能恰好漏检。因此,一般在此期间安排 2 ~ 3 次检查。由图 7 – 1 可知,当裂纹较短时,有相当长一段时间裂纹扩展率较低;当裂纹较长时,裂纹扩展率才很高。因此,稍微增加一些允许的裂纹长度是没有意义的,因为裂纹扩展的最后部分只占很短时间,可检裂纹尺寸降低,可大大延长检查周期和提高安全可靠性,故提高检测水

平是关键问题。采用缓慢扩展结构,结构必须要有很好的可检查性,对于裂纹发生在不易检查部位的结构,或者临界裂纹长度很小的结构,采用这种方法将会遇到困难。

（2）破损安全结构中的多途径传力结构

破损安全结构中的多途径传力结构是由多个元件或分段组成的多条传力途径结构,对结构分段可控制局部损伤,从而防止结构完全被破坏。结构在规定的未修理使用周期内,强度不能降低到规定水平以下。该结构通过残存结构在后续检查前缓慢裂纹扩展来保证安全。

当结构采用两个或两个以上元件来传递载荷时,其中一个元件由于某种原因提前被破坏,剩余的结构应能承受所要求的载荷,已被破坏元件上的载荷可通过其他元件传递,使结构不被破坏。如图 7-2 所示,如果经过时间 t_C 以后一个元件被破坏(C 点),则剩余强度仍大于规定的破损安全载荷。但由于第一个元件被破坏,其他元件上的载荷增加,并且结构中所有其他元件实际上也经历了同样的载荷史,因此第二个元件可能在短时间后(D 点)被破坏,于是强度降低到安全值以下。从 t_C 到 t_D 的时间可作为发现元件破坏的时间。若第一个元件是由于初始损伤或意外损伤而引起过早被破坏,那么 CD 区间可能相当长。若破坏不是特殊情况引起的,则 CD 区间与疲劳寿命的正常分散度有关。

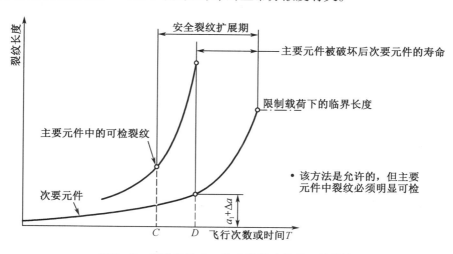

图 7-2　多途径传力－传力途径破坏前可检结构

（3）破损安全结构中的破损安全止裂结构

破损安全结构中的破损安全止裂结构是在完全破坏前使裂纹不稳定并快速扩展停止在结构的某一连接区域内而设计和制造的结构。残存未损伤结构的强度在未修理的使用周期中不得下降到规定限度以下。该结构通过残存结构中的缓慢裂纹扩展和在后续检查中觉察损伤来保证安全。一般该结构采用多个元件组成,并安置止裂带,如图 7-3 所示。

2. 结构设计类型的选择原则

结构损伤容限设计的目的是确保飞机使用中的安全。对于飞行安全结构,结构设计类型选择是结构损伤容限设计的首要一步。

每种结构设计类型都由设计概念和可检查度确定。可检查度由结构所处部位、可达性和可检性、损伤的性质和程度,以及检查方法和经验来确定。设计概念的选择原则主要取决于结构布局和结构的几何构型。如两种类型都可行时,应进行对比设计。在设计初期可考虑采用缓慢裂纹扩展结构,因这类结构设计较简单,工作量小,偏于安全。如从几何构型、静强度设计等考虑,结构为多途径传力结构,如加筋壁板、机翼和机身多交点连接等结构形式,也可以将结构设计成缓慢裂纹扩展结构或破损安全结构。这种情况下,可以从质量、使用维护经费等进行比较后确定。如某机机翼、机身多交点对接接头(图7-4),对这两种结构类型设计比较后可知,采用缓慢裂纹扩展结构设计类型的结构质量较轻,并且维护费用较少。

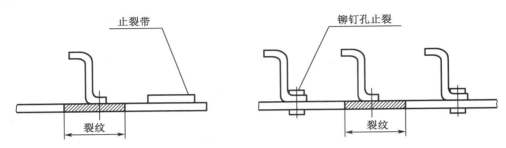

图7-3 破损安全止裂结构

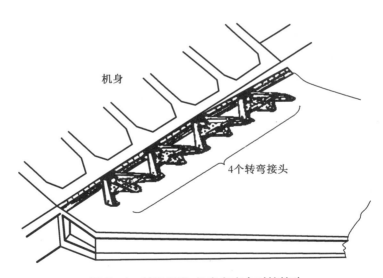

图7-4 某机机翼、机身多交点对接接头

3. 危险部位的选择

飞机结构的破坏往往是由危险部位(薄弱环节)的破坏而引起的。因此危险部位的选择是飞机损伤容限设计工作的重要环节之一。在飞机安全结构中选择危险部位应着重考虑下列部位:

①整体结构和单途径传力结构;

②拉或剪应力水平高,并且由于开孔、厚度或其他尺寸突变、偏心等引起应力集中处;

③对疲劳或缺口比较敏感的材料制成的构件；

④强度计算、使用和静力及疲劳试验中发现的薄弱部位；

⑤由于加工困难而使工艺质量不易保证的结构部位；

⑥受高温、腐蚀和振动较强的部位。

危险部位选择可以首先分析结构形式，然后从静力分析的结果着手，找出应力集中处和应力严重部位（往往是疲劳强度分析处），同时考虑材料、环境和加工状况，综合考虑确定危险部位。

危险部位和开裂形式的确定，以及初始裂纹形式的分析，往往与受力和材料特性最不利的部位及方向有关。设计时还应结合有效的裂纹检查计划对各种可能的开裂类型予以考虑。

图 7-5 所示为机翼与机身对接接头中的一个角盒，这是一个典型的抗拉角盒。

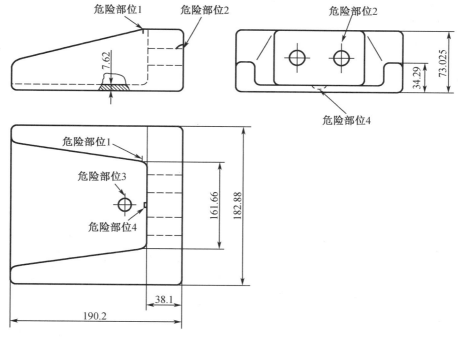

图 7-5 抗拉角盒的危险开裂部位

注：图中单位为 mm。

对角盒的受力状态进行分析，角盒存在四个危险部位：危险部位 1 位于两侧缘条内边与角盒底连接的圆角处，该部位因结构突变和缘条转折而形成应力集中，此处易产生边缘角裂纹；危险部位 2 位于角盒底的螺栓孔边最大拉应力处，孔中螺栓为受拉螺栓，忽略其预紧力拉伸影响，该孔主要受底板平面外弯曲作用，孔边缘将产生孔边角裂纹；危险部位 3 位于角盒腹板上的铆钉（或螺钉）孔孔边的最大拉应力处（腹板与机翼为多钉连接，选择最危险的部位），裂纹为孔边角裂纹（可能扩展成穿透型裂纹）；危险部位 4 位于角盒腹板与角盒底连接的圆角处，底板与腹板相对弯曲，产生表面半椭圆裂纹，并可能扩展成穿透型裂纹。以上四处危险部位称为断裂关键部位。

7.1.3　损伤容限设计原则及要点

1. 损伤容限设计原则

根据损伤容限设计的特点,损伤容限设计的一般原则如下:

①在确定结构形式和结构布局时,要充分考虑损伤容限设计要求。应有较好的传力路线,传力路线不宜过于集中,应尽可能采用多途径传力结构和止裂件来控制裂纹扩展速率,并提供足够的剩余强度。

②材料选择和应力水平控制都应保证能提供缓慢的裂纹扩展和较高的剩余强度。

③具有良好的可检性和维修性。对已出现的裂纹有较高的检出能力,能及时排除可能导致结构破坏的裂纹,确保飞机安全。

2. 损伤容限设计要点

综合上述分析,损伤容限设计时应注意以下几点:

(1)结构布局合理

在结构布局时应考虑损伤容限设计要求,应合理地安排受力构件和传力路线,使载荷合理地分配和传递,应尽量避免传力路线中构件不连续,避免出现附加载荷。应尽量减少传力路线拐折,传力路线不宜过于集中,尤其承受较高载荷的部件应有较好的传力路线。

在确定结构方案和受力结构布局时,应使结构布局合理,传力路线短,采用多传力路线的静不定结构。

对于重要的、影响飞行安全的结构应尽量设计成破损安全结构。例如机翼与机身的对接接头损坏将造成机毁人亡,因此该接头属于飞行安全结构。以图 7-4 所示的机翼与机身对接接头为例,在一侧机翼上下翼面共有 8 个对角盒(两侧机翼对称),而机翼下翼面受拉情况比上翼面严重,因此以下翼面四对接头为损伤容限分析对象。每个接头都可以看成一条传力途径,都能独立地承担和传递一定的载荷。因此,如果其中某一个接头失效,则其余 3 个接头仍有一定的承载能力。如果将结构设计成当 4 个接头中任何一个失效后,另外 3 个仍能承受破损安全载荷,则此结构为破损安全多途径传力结构。

另一种设计方案是缓慢裂纹扩展结构。根据损伤容限设计结果,取检查周期长、质量小和可靠性高的结构。例如机翼、机身壳体设计时应采用加筋形式的、多传力路线的薄壁结构,并且采用止裂措施。

(2)合理地选择结构材料

采用断裂韧度高、抗裂纹扩展性能好的材料,以保证结构具有较高的剩余强度和缓慢裂纹扩展特性,如图 7-6 所示。

当材料的断裂韧度提高,而使临界裂纹尺寸由 a_c 提高到 $2a_c$ 时,用于检查的总间隔由 BC 增加到 BD,如图 7-7 所示。同样,缓慢裂纹扩展速率降低,不但可增加不可检查裂纹以前的裂纹扩展寿命,而且可增加检查间隔。

　　提高材料的断裂韧性往往使材料的强度极限降低,从而影响结构的静强度性能,有时还会影响材料的疲劳特性。因此,选择结构材料时,应根据结构的特点和要求,综合考虑材料的性能,合理地进行选择。

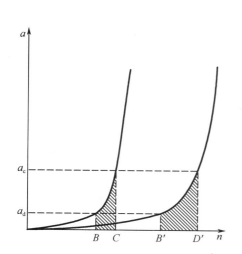

图7-6　由于断裂韧度提高使检查间隔增加

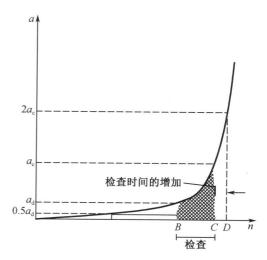

图7-7　由于裂纹扩展率降低使检查间隔增加

　　(3)降低结构细节的应力集中

　　飞机结构在使用中,裂纹往往在结构不连续的局部细节处开始出现。这些裂纹在载荷/环境谱作用下逐渐扩展,当裂纹扩展到临界值时会导致结构被破坏。而结构细节处的构型、应力水平和尺寸对裂纹扩展速率有很大影响,因此,通过精细的构型设计,可降低应力集中,提高结构自身的抗疲劳能力和改善损伤容限特性。在设计中应特别注意下列结构设计:

　　①连接件细节设计。飞机结构中约90%的疲劳裂纹发生在连接细节处。应精心设计连接结构细节,合理地选择结构形式、尺寸、孔的边距和节距等,最大限度地提高细节的疲劳品质。

　　②降低应力集中。结构设计时不可避免地会有零件截面大小和形状的变化,在不连续处会产生应力集中,应采取措施降低应力集中。

　　(4)合理地控制结构的设计应力水平

　　应当在综合考虑强度、刚度、损伤容限、耐久性和可靠性等几方面的要求,以及减小结构质量的情况下,合理地确定应力水平和设计指标(对于同一个结构件或零件,其不同部位,根据上述要求可以采用不同的应力水平)。要避免多途径传力的元件可能同时产生破坏或部分破坏(同一载荷时)。在满足上述要求的情况下,应取最低允许的设计应力水平。

　　对于主要结构如机翼、机身、尾翼等受拉壁板,主要以疲劳及损伤容限设计要求为目标选择合适的应力水平。在设计时应尽量使应力均匀分布,减轻局部应力集中程度,以达到实际控制应力水平的目的。

（5）保证结构的可检性

保证结构破损安全的关键是定期对结构进行检查或进行考验性试验。因此对于易产生裂纹的构件，要尽量设计成可检结构，有开敞的检查通道，以便日常维护检查、修理或更换。

对于缓慢裂纹扩展结构，在质量和结构条件允许的情况下，应尽量设计成场站或基地级可检结构，如结构在一个寿命期内进行4次检查，可大大提高结构的安全性。对于破损安全结构，尤其是主要承力构件，在设计时应预先考虑裂纹扩展方向，在条件允许的情况下，应尽量开设较多的检查通道，使裂纹满足最早检出的要求。

（6）合理地确定检查周期

合理地确定检查周期是保证结构破损安全的关键。要确定检查周期必须确定最小可检裂纹尺寸和破损安全载荷下临界裂纹尺寸。这就要求比较准确地计算出对应于每个裂纹的剩余强度和裂纹扩展速率，从而使裂纹扩展寿命计算更符合实际情况。确定检查周期时应考虑检查方法和经济性。

（7）正确确定初始裂纹尺寸 a

最小可检裂纹尺寸的确定，取决于所选择的检测手段和检测人员的技术水平。提高检测灵敏度，对提高结构的安全性起着非常重要的作用。从检查周期上看，它甚至比提高材料的断裂韧性效果更明显（图7-8）。由于小裂纹阶段裂纹扩展速率很低，当最小可检裂纹尺寸由 a_d 降到 $0.5a_d$ 时，可用于检查的时间间隔几乎增加1倍。

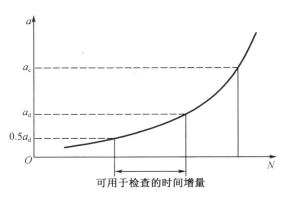

图7-8 降低最小可检裂纹尺寸使检验周期增加

（8）止裂措施

对于较长、较大的零件应考虑止裂措施，如采用止裂孔、止裂带和结构分段等。例如机翼和机身蒙皮常采用胶接止裂带。

某些情况须采取必要的措施，尽可能避免在同一时刻产生多条裂纹或者多条小裂纹合并成一条长裂纹。

（9）采用有效的腐蚀控制措施

结构设计应当考虑腐蚀敏感性最小的所有实际可行的设计因素，尤其是主要结构承力元件不允许在腐蚀环境下工作。

损伤容限设计是一项十分复杂而又重要的工作，需要进行一系列的分析、计算和试验，特别对于采用高强度材料的承力结构，承受多次重复载荷的构件，以及有较大应力集中的部位，反复受高温作用或受到剧烈振动及气流扰动的部位，环境条件恶劣、抗应力腐蚀较差的部位，要认真、细致地执行损伤容限设计要求，采用一些抗断裂的工艺措施。对重要的危险部位必须在加工和使用中提出特殊的工艺及检查要求，同时有相应的措施以保证危险构件的可跟踪性。

7.2　结构剩余强度分析

7.2.1　结构剩余强度概要

含裂纹结构的静承载能力称为该结构的剩余强度,即结构剩余强度一般指含裂纹结构在使用期内任一时刻承受的破损安全载荷所对应的结构强度。结构剩余强度在使用过程中随裂纹增长而递减,要求在整个使用寿命期间给出最低限度剩余强度随时间变化的曲线,即大于最小剩余强度的最低要求值。结构剩余强度最低要求值是结构类型和可检查度的函数。对于完整结构(包括缓慢裂纹扩展结构和一条结构传力途径破坏前的破损安全结构),要求剩余强度最低要求值至少是设计极限载荷。当检查间隔或未修使用期缩短,飞机所遇到的高载荷概率减小,并且高载值也降低,所遇到的极限载荷概率很低,则剩余强度最低要求值将低于极限载荷。因此,各种可检查度的破损安全结构类型的剩余强度最低要求值也不同,可以根据特定飞机的任务分析所得到的载荷谱数据来确定。

1. 结构破坏模式和破坏准则

(1)破坏模式

含裂纹的结构存在三类可能的破坏模式:

①线弹性(或弹塑性)断裂力学模式:用线弹性(或弹塑性)断裂力学原理确定破坏。

②过渡模式:对于短裂纹或高韧性材料,过渡模式是介于线弹性(或弹塑性)模式和静力学破坏之间的模式。

③静力学模式:在整个裂纹长度变化范围内,按元件净截面全面屈服确定元件破坏。

(2)破坏准则

在进行剩余强度分析时,首先要判断含裂纹元件的破坏包含哪些破坏模式,对不同的破坏模式可采用不同的破坏准则。

①静力学破坏准则

含裂纹结构的剩余强度,用净截面应力达到材料静力破坏应力许用值来表征,可表示为

$$\sigma_j = [\sigma] \qquad (7-1)$$

式中,σ_j 为净截面应力,不考虑孔或裂纹引起的应力集中的影响;$[\sigma]$ 为材料静力破坏应力许用值,一般取材料的屈服应力 σ_{ys}。

②断裂准则

对于第一类破坏模式,采用断裂力学的断裂判据确定。

③多部位损伤连通准则

多部位损伤连通对结构总体剩余强度有显著削弱作用,因此,有必要建立多部位损伤

连通强度准则。多部位损伤连通准则为相互趋近的两个裂纹尖端的塑性区相接时发生裂纹连通,因为裂纹尖端之间的区域已全部屈服,因此不能进一步承受载荷。

2. 结构的剩余强度要求

对于按损伤容限设计的结构,可根据结构类型提出不同的剩余强度要求。

(1)缓慢裂纹扩展结构剩余强度要求

相关规范规定,只有场站或基地级可检和使用中不可检的结构可设计为缓慢裂纹扩展结构。对于这类结构要求含裂纹件在 2 倍设计寿命期内不允许由于裂纹扩展使结构剩余强度降低到可能遭遇到的最大载荷 P_{XX} 以下。

对场站或基地级可检的缓慢裂纹扩展结构,要求含裂纹构件在规定的最小未修使用期内(2 倍场站或基地级检查间隔,即允许有一次漏检)不允许由于裂纹扩展使结构剩余强度降低到可能遭遇到的最大载荷 P_{XX} 以下。

(2)破损安全多途径传力结构剩余强度要求

破损安全多途径传力结构的有效工作期可分为两个阶段:第一阶段是主传力途径尚未失效,即完整结构;第二阶段是主传力途径失效后的剩余结构的强度。两个阶段的剩余强度载荷要求是不同的。

完整结构在 1 倍设计寿命期内,或是在场站或基地级检查间隔内,裂纹缓慢地以稳定形式扩展,在裂纹达到临界值以前,结构应能承受可能遭遇到的最大载荷。

主传力途径破坏后的剩余结构,除了要承受主传力途径破坏前的全部载荷,还要考虑载荷重新分配所引起的动载效应,即剩余结构必须有能力承受要求的剩余强度载荷 P_{ss}。所以 GJB 776—89 规定,P_{ss} 或者等于动荷系数与传力途径破坏瞬间重新分配的载荷增量乘积加上传力途径破坏前的内部元件载荷,或者等于动荷系数与限制载荷情况下的内部元件载荷的乘积,取两者中较大者。

(3)破损安全止裂结构剩余强度要求

破损安全止裂结构的基本思想是在结构中提供一种减小裂纹尖端应力强度因子的方法,以便能够限制或阻止裂纹不稳定扩展,设计上常常采用加强元件。该类结构剩余强度要求是:加强元件应具有足够大的刚度,以便能够有效地卸掉基本结构上的部分载荷,从而使基本结构上快速扩展的裂纹暂停在某个连续区内。

3. 剩余强度载荷

剩余强度的最低要求值可以由内部元件载荷 P_{XX} 确定。P_{XX} 表示飞机在规定检查间隔内可能遇到的最大载荷,根据载荷谱确定。飞机载荷谱的制定是以代表飞机平均使用情况的基本载荷系数的超越数为基础的。考虑到个别飞机在寿命期内可能遇到的载荷超越数大于平均值,而剩余强度必须大于规定检查间隔内预期的最大载荷,因此采用放大检查间隔的方法。表 7－1 列出了不同检查度在确定剩余强度时检查间隔的放大倍数 M。如运输机,当 $M=100$ 时,载荷约至 1.5 倍,如图 7－9 所示。

表7-1　剩余强度载荷与放大倍数、初始检查的最小不修理使用期及后续使用检查间隔的对照表

P_{XX}	可检查度	典型检查间隔	放大倍数 M	初始检查的最小不修理使用期	后续使用检查间隔
P_{FE}	飞行明显可检	1次飞行	100	返回基地	每次飞行*
P_{GE}	S地面明显可检	2次飞行(1天)	100	两次最大损伤设计任务飞行	两次飞行*
P_{WV}	巡回目视可检	10次飞行	100	5倍检查间隔	10次飞行*
P_{SV}	特殊目视可检	1年	50	2倍检查间隔	1年
P_{DM}	场站或基地级可检	1/4寿命期	20	2倍检查间隔	**
P_{LT}	使用中不可检	1个寿命期	20	整个寿命周期	

注：P_{XX}等于在 M 倍检查间隔内将出现一次的最大平均内部元件载荷。当 P_{DM} 小于 P_{LT} 限制载荷 P_L 时，所要求的剩余强度载荷取限制载荷。若 P_{XX} 大于限制载荷，则不必大于一个寿命期内最大载荷的1.2倍。

　　* 最大损伤设计任务。

　　** 对于邻近传力路径，在主要元件被破坏时，后续使用检查间隔是邻近结构破坏所持续时间的一半。

　　在破损安全结构中，当多途径传力结构中某一元件被破坏后，该元件上的载荷应由其他未被破坏结构承受，由于结构被破坏均是使用过程中突然被破坏，因此应考虑突然加载的载荷系数，规定范围为1.15。

　　使用中，可检结构的最小不修理使用期也不同；对于破损安全结构的后续使用检查间隔也作了不同规定。各种数据均列于表7-1中，对不同类型飞机和损伤容限结构类型可参照执行（详细说明可参见相关规范）。

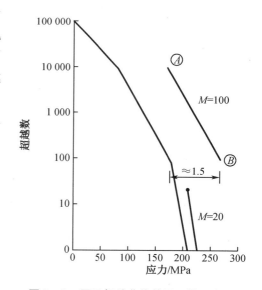

图7-9　用于超越曲线的因子推导方法

◉ 7.2.2　裂纹结构的受力研究

　　1. 穿透型裂纹的受力状态与扩展形式

　　裂纹构件，按其受力变形方式可分为三种基本类型，即张开型、滑开型和撕开型，也称为第Ⅰ型、第Ⅱ型和第Ⅲ型（图7-10）。

　　(1)在垂直于裂纹面的拉应力 σ 作用下裂纹张开，称为"张开型"，标作第Ⅰ型。

　　(2)在平行于裂纹面而垂直于裂纹尖端的剪应力 τ 作用下，裂纹平面内错开，称为"错开型"，标作第Ⅱ型。

　　(3)在平行于裂纹面且平行于裂纹尖端的剪应力 τ 的作用下裂纹被撕开，称为"撕开型"，标作第Ⅲ型。

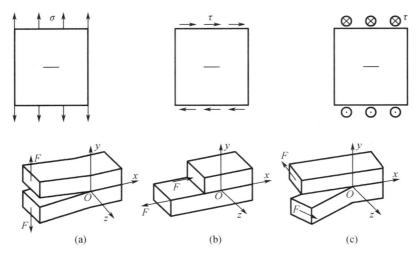

图 7 - 10　裂纹的三种基本类型

图 7 - 10 所示的是从上表面贯穿到下表面的裂纹,这样的裂纹称为穿透性裂纹。在这三种受力情况与扩展形式中,由于第 Ⅰ 型(张开型)加载是最常见的,也是引起脆性破坏最危险的情况,因此对 Ⅰ 型加载研究最多,下面主要讨论穿透型裂纹的第 Ⅰ 型受力情况与扩展形式。为了下面讲述的需要,一般情况下,可认为裂纹尖端的塑性区域非常微小,从而可用线弹性力学来分析裂纹的行为。裂纹尖端附近区域的应力应变场皆可由一个参量 K 来表征,它标志着裂纹尖端附近区域应力场强弱的程度,称为应力强度因子。

2. 平面应力状态和平面应变状态

(1)平面应力状态

如果一块薄板在边缘上受到平行于板的中面并沿厚度均匀分布的力的作用,由于板的上下表面是自由表面,没有应力存在,而且板又很薄,可以假定:平板内部每个地方都没有垂直于板的中面方向的应力。于是,应力(包括正应力、剪应力)都沿着平行于板的中面的方向,而且沿板的厚度保持不变,这种状态称为平面应力状态。板越薄,越接近于理想的平面应力状态。

(2)平面应变状态

如果受载物体为一个长的柱体,沿柱体纵轴方向的尺寸(长度)很大,其载荷垂直于纵轴并不沿长度变化。这时,两段截面的轴向位移很难实现,可假定为零。由于对称性,中间截面的轴向位移也为零,这样就相当于假定每一横截面都没有轴向位移,即柱体内每个地方都只发生平行于横截面方向的变形,这种状态称为"平面应变状态"。柱体越长,越接近于理想的平面应变状态。

对于一块平板,受平行于中面并沿厚度均匀分布的力的作用,如果板的厚度很小(如一般的薄板),则属于平面应力状态;若板的厚度很大,达到足够大的程度,则可将其近似看成柱体,而属于平面应变状态,板的厚度越大,越接近于理想的平面应变状态。

3. 平面应变状态下的应力强度因子 K_{I} 与断裂韧性 K_{IC}

（1）平面应变状态下的应力强度因子 K_{I}

对于均匀拉应力作用下的平板,板内有一垂于拉应力方向的穿透裂纹(图 7-11),其长度 $2a$ 远比板的长度和宽度要小,并且板的上下边缘距裂纹较远时,此板可以看作"无限大"板。因为板厚足够大,所以可以看成平面应变状态。

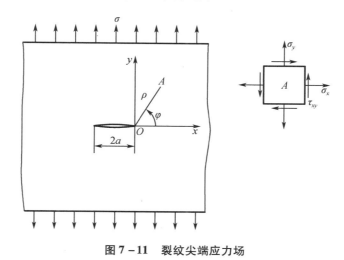

图 7-11 裂纹尖端应力场

用线弹性力学的方法,对裂纹尖端附近区域应变场进行分析,得出在该区域内任一点(其极坐标为 ρ,φ,如图 7-11 所示)应力分量 $\sigma_x,\sigma_y,\tau_{xy}$ 的表达式为

$$\sigma_x = \frac{K_{\mathrm{I}}}{\sqrt{2\pi\rho}}\cos\frac{\varphi}{2}\left(1-\sin\frac{\varphi}{2}\sin\frac{3\varphi}{2}\right)$$

$$\sigma_y = \frac{K_{\mathrm{I}}}{\sqrt{2\pi\rho}}\cos\frac{\varphi}{2}\left(1+\sin\frac{\varphi}{2}\sin\frac{3\varphi}{2}\right) \qquad (7-2)$$

$$\tau_{xy} = \frac{K_{\mathrm{I}}}{\sqrt{2\pi\rho}}\sin\frac{\varphi}{2}\cos\frac{\varphi}{2}\cos\frac{3\varphi}{2}$$

$$K_{\mathrm{I}} = \sigma\sqrt{\pi a} \qquad (7-3)$$

式(7-2)略去了 ρ 的高阶项,所以式(7-2)仅适用于裂纹尖端很小的范围,即在 ρ 远比裂纹长度要小的范围内,式(7-2)才是较好的近似表达式。它给出了裂纹尖端附近的应力分布情况,在裂纹尖端附近处于裂纹延线上距裂纹尖端点 O 距离为 ρ 处的应力 σ_y 的公式为

$$\sigma_y = \sqrt{\frac{a}{2\rho}}\cdot\sigma \qquad (7-4)$$

由此式及式(7-2)可以看出,裂纹尖端附近区域的整个应力场的强弱程度,仅仅取决于参量 K_{I},因此 K_{I} 是裂纹尖端附近区域应力场强弱程度的度量,称为应力强度因子,它是名义应力 σ 和裂纹几何参数 a 的函数。从式(7-2)还可以看出,当 $\rho\to0$ 时,应力分量将趋于无限大。实际上,裂纹尖端处应力不可能无限地增长,当到达材料屈服应力时,即在裂纹尖

端附近形成一个微小的屈服区,所以无法直接用裂纹尖端处的应力大小作为裂纹发生失稳扩展的判据。

(2)平面应变状态下的断裂韧性 K_{IC}

既然应力强度因子 K_{I} 的大小决定裂纹尖端附近区域的应力场强弱程度,根据材料脆性断裂的统计强度理论的观点,若构件最大应力区足够大体积内的应力都达到了材料特定的临界值时,即发生脆性断裂,此时应力强度因子可以用来作为构件脆性断裂的判据,即

$$K_{\mathrm{I}} = K_{\mathrm{IC}} \tag{7-5}$$

式中,K_{IC} 是构件在静载荷作用下裂纹开始失稳扩展时的 K_{I} 值,即 K_{I} 的临界值。它是材料在三向拉伸应力状态下的裂纹扩展抗力,称为材料的平面应变断裂韧性。这里要强调一下,从物理意义上来说,K_{I} 是描述裂纹尖端应力或应变场的参数,代表带裂纹构件的工作状态,而 K_{IC} 则是材料本身的性质。由式(7-5)可知,在一般环境和静载荷作用条件下,要使带裂纹构件能安全使用,就需将其工作时的应力强度因子 K_{I} 限制在临界值 K_{IC} 之下。应该指出,式(7-2)是根据理想线弹性条件推导出的,当实际构件裂纹尖端附近存在屈服区时,按理是不服从线弹性规律;但如果屈服区很微小,则经过适当修正,仍可以用该式进行计算。

4. 平面应力状态下的应力强度因子 $\bar{K}_{\mathrm{I}}$ 与新裂韧性 K_{C}

近代工业特别是航空和宇航事业的高速发展,促使高强薄壁材料得到广泛采用。要进行断裂控制,必须知道材料的平面应力断裂韧性 K_{C} 数值。如果航空和宇航的高强薄壁构件用 K_{IC} 数值作为设计依据,则往往偏保守。

根据弹性力学相关理论,平面应力状态下的应力公式和平面应变状态下相同。因此,在裂纹尖端附近处于裂纹延线上,距裂纹尖端点 O 距离为 ρ 处的应力 σ_y 的公式为

$$\sigma_y = \sqrt{\frac{a}{2\rho}} \cdot \sigma \tag{7-6}$$

在平板应力状态下,无限大平板的第 I 型应力强度因子

$$\bar{K}_{\mathrm{I}} = \sqrt{\pi a} \cdot \sigma$$

因此,在平面应力状态下,带裂纹构件不发生断裂的强度条件可类似地写成

$$\bar{K}_{\mathrm{I}} < K_{\mathrm{C}} \tag{7-7}$$

式中,K_{C} 为材料的平面应力断裂韧性。

这里要着重强调指出的是,K_{IC} 与 K_{C} 虽然都是材料的断裂韧性,但 K_{IC} 是个常数,它是材料的一个基本参数,而 K_{C} 则随板的厚度变化而改变。图7-12给出了断裂韧性 K_{C} 值与厚度 B 关系曲线。

从图中可见,平面应力状态下 K_{C} 是变化的,当 B 达到一定厚度 B' 后,趋近于平面应变状态,$K_{\mathrm{C}} \to K_{\mathrm{IC}}$ 为一常数,B' 与 B'' 之间是平面应力与平面应变的混合状态。因此,若在平面应变状态下检验带裂纹构件是否会断裂,只需求出其应力强度因子 K_{I},并与由足够厚试样测出的材料平面应变断裂韧性 K_{IC} 相比较即可,这个 K_{IC} 常常是以往试验所给定的;而在平面应力状态下,则必须用与构件相同厚度的试样测出断裂韧性 K_{C} 来与构件的应力强度因子比较。虽然平面应力状态的问题要比平面应变状态的问题复杂,但由于航空工业上很多地方使用蒙皮之类的薄板,因此对平面应力状态下断裂问题的探讨必不可少。

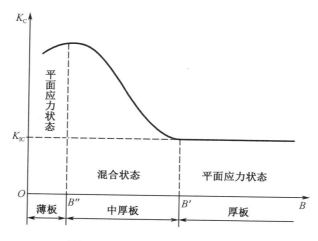

图 7 - 12　K_C 值与厚度 B 关系曲线

5. 疲劳裂纹扩展门槛值 ΔK_{th}

疲劳裂纹扩展门槛值 ΔK_{th} 是导致疲劳裂纹扩展的 ΔK 的下限值。应当指出，ΔK 不断下降时，裂纹尖端塑性区越来越小，裂纹尖端越来越尖锐，当达到 ΔK_{th} 时，裂纹尖端塑性区已很小，裂纹锐度很高。因此，ΔK_{th} 与裂纹尖端塑性区大小无关。

ΔK_{th} 随材料状态（包接材料成分、冶炼方式、工艺规格、热处理制度）而异，同时与应力状态（平面应变还是平面应力）有关，还与环境因素（温度、湿度、介质）有密切关系，当然，ΔK_{th} 还是交变载荷的应力比 R 的函数。试验研究结果表明，对于同一种材料状态，同样厚度、环境条件和应力比情况下，只要裂纹长度和韧带尺寸满足线弹性的要求，则 ΔK_{th} 与试样形状、尺寸、裂纹长度无关，是一个材料常数。

在进行 ΔK_{th} 的试验测定时，要使裂纹"绝对"停止扩展是不可能的。因此，必须对裂纹停止扩展（$da/dN = 0$）的条件进行近似，将 ΔK_{th} 实际定义为 $da/dN = 10^{-7}$ mm/cycle 所对应的 ΔK 值。也就是说，用 $da/dN = 10^{-7}$ mm/cycle 来近似 $da/dN = 0$，这相当于用图 7 - 13 中的 $\Delta K'_{th}$ 近似 ΔK_{th}，由于 $da/dN < 10^{-1}$ mm/cycle 时，$\lg(da/dN)$ $\lg \Delta K$ 曲线的斜率已经很高，所以，用 $\Delta K'_{th}$ 近似 ΔK_{th} 所引起的误差是相当小的。

疲劳裂纹扩展门槛值 ΔK_{th} 在结构的损伤

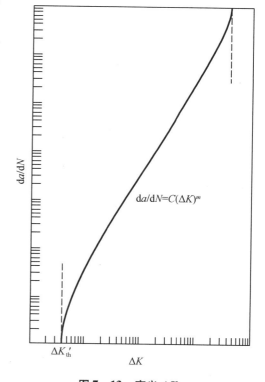

图 7 - 13　定义 ΔK_{th}

容限设计中具有重要的应用价值。对于一个在制造过程中产生了裂纹的构件来说，如果它在工作中承受交变载荷，那么，保证其安全工作的一种有效的保守方法是使其在使用载荷下裂纹尖端的 ΔK 值，小于材料在结构工作条件下的 ΔK_{th} 值。另外，ΔK_{th} 可用于对承受交变载荷的构件进行材料和工艺选择，以提高构件在低 ΔK 下抵抗裂纹扩展的能力。ΔK_{th} 还可以在简化裂纹扩展阶段的疲劳载荷谱时，用作舍弃小载荷的依据，以及用于过载迟滞效应的广义 Wheeler 模型与广义 Willenberg 模型。

测定疲劳裂纹扩展门槛值的方法有：①连续降载（降 K）法；②百分比逐级降载法；③恒 F 控制的 K 梯度法；④恒 K 控制的 K 梯度法等。这些测试方法在许多文献中有专门介绍，在此就不再多述。

6. 有限宽板的应力强度因子

上面所得到的应力强度因子与断裂韧性公式都是对于无限大平板（$W \gg 2a$）而言的。实际上，板宽总是有限的，裂纹长度有时只是板宽的几分之一，这时应力强度因子公式即式（7 - 2）就不适用了，需要乘上一个修正系数 α。常用的修正系数 α 由表 7 - 2 给出。于是，对应于有限宽板中心裂纹的第 I 型应力强度因子公式为

$$K_{\text{I}} = \sqrt{\pi a} \cdot \sigma \cdot \alpha \tag{7-8}$$

表 7 - 2 有限宽板的应力强度因子修正系数

类型	修正系数 α
	$\alpha = \dfrac{1}{\sqrt{\pi}}\left[1.77 + 0.277\left(\dfrac{a}{h}\right) - 0.510\left(\dfrac{a}{h}\right)^2 + 2.7\left(\dfrac{a}{h}\right)^3 \right]$ $a = 1.00\,(\mu \pm a \ll h)$
	$\alpha = \dfrac{1}{\sqrt{\pi}}\left[1.99 - 0.41\left(\dfrac{a}{h}\right) + 18.7\left(\dfrac{a}{h}\right)^2 - 38.48\left(\dfrac{a}{h}\right)^3 \right.$ $\left. + 53.85\left(\dfrac{a}{h}\right)^4 \right]$ $\alpha = 1.12\,(\mu \pm a \ll h)$
	$\alpha = \dfrac{1}{\sqrt{\pi}}\left[1.99 + 0.38\left(\dfrac{2a}{h}\right) - 2.12\left(\dfrac{2a}{h}\right)^2 + 3.42\left(\dfrac{2a}{h}\right)^3 \right]$ $a = 1.12\,(\mu \pm a \ll h)$
$\sigma = \dfrac{6M}{bh^2}$，$b$ 为板厚	$a = \dfrac{1}{\sqrt{\pi}}\left[1.99 - 2.47\left(\dfrac{a}{h}\right) + 12.97\left(\dfrac{a}{h}\right)^2 - 23.17\left(\dfrac{a}{h}\right)^3 \right.$ $\left. + 24.80\left(\dfrac{a}{h}\right)^4 \right]$ $\alpha = 1.12\,(\mu \pm a \ll h)$

7. 裂纹尖端塑性区的影响

前面提到式(7-2)是由弹性理论分析得到的,因此应力强度因子公式即式(7-3)和式(7-5)也只适用于弹性范围。如果使用的是塑性材料,则在裂纹尖端附近的应力不可能无限地增大,当应力达到屈服极限 σ_s 时,材料就进入塑性状态,即在裂纹尖端附近一个小区域内发生塑性变形,形成一个塑性区,塑性区的大概形状如图7-14所示,这对应力分布当然有一定的影响。为了考虑这种影响,于是要对原有的公式加以修正。修正的方法是:认为塑性区的影响大致相当于假定不存在塑性区的裂纹尖端增加一段塑性半径 r_p' 的区域,即将式(7-3)和式(7-5)中的 $2a$ 均用 $2(a+r_p')$ 代替,$2(a+r_p')$ 称为裂纹的有效长度,用 $2a_1$ 表示,即

$$2a_1 = 2(a + r_p') \tag{7-9}$$

式中,$r_p' = r_p \cdot F_s$,r_p 为裂纹延线方向塑性区的宽度;F_s 为考虑了塑性区的真实形状而得到的校正系数。按照塑性区理论的分析,对于平面应力状态,有

$$r_p = \frac{\overline{K}_I^2}{2\pi\sigma_s^2} \tag{7-10}$$

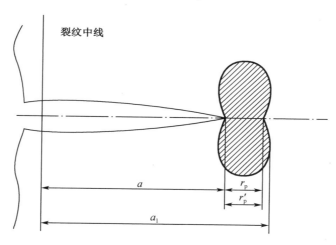

图 7-14 塑性区的大概形状

将式(7-8)代入式(7-10),可得

$$r_p = \frac{a}{2}Z^2 a^2$$

将它代入式(7-8)可得

$$a_1 = a + r_p' = a + r_p F_s = a\left(1 + \frac{1}{2}Z^2 a^2 F_s\right)$$

引入 $k = 1 + \frac{1}{2}Z^2 \alpha^2 F$,则上式可写成

$$a_1 = ka \tag{7-11}$$

按照塑性区理论,可知

$$F_s = 1 + \frac{4}{\pi}\left(\frac{Z^2}{1-Z^2}\right)$$

因此,考虑了塑性区修正,带中心裂纹的有限宽薄板(平面应变状态)的应力强度因子为

$$\bar{K}_I = \sqrt{\pi a_1} \cdot \sigma \cdot \alpha \qquad (7-12)$$

由于平面应变状态下裂纹尖端塑性区及其对应的塑性宽度 r_p,都要比平面应力状态时小得多,所以,平面应变状态下的 r_p 常用下列经验公式计算

$$r_p = \frac{K_I^2}{6\pi\sigma_s^2}$$

于是,对于平面应力状态,同样可求出

$$K_I = \sqrt{\pi a_1} \cdot \sigma \cdot \alpha$$

$$a_1 = ka$$

$$k = 1 + \frac{1}{6}Z^2\alpha^2 F \qquad (7-13)$$

$$F_s = 1 + \frac{4}{\pi}\left(\frac{Z^2}{1-Z^2}\right)$$

7.3 疲劳裂纹扩展

◎ 7.3.1 疲劳裂纹的亚临界扩展

损伤容限设计原则允许构件在使用寿命中出现裂纹,发生破损,但在下次检修前,要保持一定的剩余强度,其可用破损安全载荷来衡量。如果说在无裂纹时构件要求承受极限载荷,那么在出现裂纹后,仍要保证能承受规定的破损安全载荷。根据不同用途飞机的不同要求,破损安全载荷一般取极限载荷的 60% ~ 80%。

当构件无裂纹时($a = 0$),可承受极限载荷值(图 7 – 15)。对于一个含有表面初始裂纹 a_0 的构件,在承受静荷(通常环境)时,只有其应力水平达到临界应力 σ_c 时,即裂纹尖端的应力强度因子达

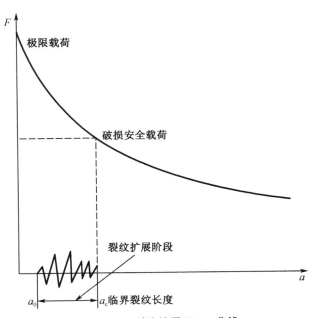

图 7 – 15　裂纹扩展 $F - \alpha$ 曲线

到临界值 K_{IC}（或 K_C）时,才会立即发生脆性断裂。

若将静应力水平降低到 σ_0,则构件不会发生破坏,但如构件承受一个与静应力 σ_0 大小相等的脉动循环的交变应力（图 7–16 左侧）作用下,则当构件出现初始裂纹 a_0 后,裂纹将缓慢地扩展,其所能承受的载荷值下降,当它达到临界裂纹尺寸 a_c 时,同样会发生脆性破坏。此时对应的破损安全载荷的裂纹长度 a_c 称为临界裂纹长度。裂纹在交变应力作用下,由初始值 a_0 到临界值 a_c 这一段扩展过程,称为疲劳裂纹的亚临界扩展。裂纹由可检长度 a_0 扩展到临界裂纹长度 a_c 所需的时间称为"裂纹扩展寿命"。为确保构件安全,要求构件的裂纹扩展寿命必须大于飞机的检修周期,因此,对构件进行损伤容限设计的一个重要问题,就是确定构件在疲劳载荷谱作用下的裂纹扩展寿命。

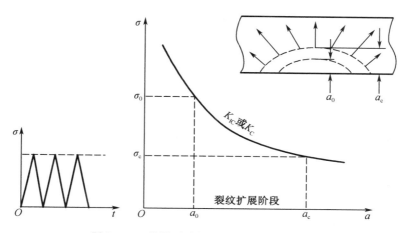

图 7–16　临界裂纹长度和亚临界裂纹扩展

为了得到疲劳裂纹扩展寿命,需要确定裂纹扩展速率、可检裂纹长度 a_0 和临界裂纹长度 a_c 的数值。a_c 一般取有关检测技术所能达到的裂纹大小,常取 1 mm 左右,而临界裂纹长度 a_c 的确定,则需要首先得到如图 7–15 所示的曲线。一般说来,图 7–15 中的 $F–a$ 曲线是利用具有不同裂纹长度 a 的一组模拟试样,进行静力破坏试验得到的。但完全用模拟试样得到的 $F–a$ 曲线既不经济,也费时间,为此,可以用断裂力学的知识作为试验的指导和依据。在上节中,给出了带裂纹构件的断裂条件为

$$\overline{K}_I = K_C$$

而 $\overline{K}_I = \sqrt{\pi a_1} \cdot \sigma \cdot \alpha = \sqrt{\pi k a} \cdot \sigma \cdot \alpha = (\sqrt{\pi k} \cdot \alpha) \sigma \cdot \sqrt{a} = K_C$

$$\sigma = \frac{K_C}{\sqrt{\pi k} \cdot \alpha} \cdot \frac{1}{\sqrt{a}} \tag{7–14}$$

式（7–14）给出了一条 $\sigma–a$ 曲线,稍加变换就能得到 $F–a$ 曲线,其形状如图 7–16 所示。这条曲线在离开 $a = 0$ 一段后,可以作为试验的参考依据,这是因为当 $a = 0$ 时,由式（7–9）可知 $F \rightarrow \infty$,这显然是违背实际情况。

◉ **7.3.2 裂纹扩展速率 da/dN 表达式**

关于疲劳裂纹的扩展规律,近年来有过许多研究,这些研究大多采用承受单向拉 – 拉载荷,具有贯穿或不贯穿裂纹,探讨裂纹长度或深度沿着垂直于应力方向扩展速率的规律。研究各种金属材料的 $(da/dN) - \Delta K$ 在双对数坐标上的关系时,发现它不是一条直线,而是由 4 条不同斜率的直线组成(图 7 – 17)。当外加应力强度因子变程 ΔK 小于某一临界值 ΔK_{th} 时,裂纹不发生扩展;当 ΔK 达到 ΔK_{th} 时,裂纹扩展速率急剧上升,此直线几乎与纵坐标轴平行。对于某些特殊构件,若在使用上欲控制其裂纹不扩展,则必须限制施加的应力强度因子变程 ΔK 小于 ΔK_{th}(它与材质、环境条件等有关)。当 ΔK 大于 ΔK_{th} 后,da/dN 是 ΔK 的指数函数。就各种钢材而言,只要其化学成分相同,材料的组织结构、屈服强度、强度极限、形变硬化和温度等对此段直线的斜率 n_1 不产生明显的影响,各种厚度相同的钢材,这段直线的斜率几乎相同。在此扩展阶段内的试样断口是平断口,断口表面与外加拉伸应力成 90°,并具有典型的疲劳条纹。增加 ΔK 值,直线出现折点 I,过此点后直线斜率变为 n_2,且 $n_2 < n_1$;在此阶段中开始形成剪切斜断口,断口表面与外加应力成 45°,断口系属解理断裂和疲劳断裂的混合断口。折点 I 所对应的裂纹扩展速率,一般在 $10^{-3} \sim 10^{-1}$ mm/cycle 的范围内。继续增加 ΔK 值,当 K_{max} 逐渐趋近于材料的 K_{IC}(或 K_C)值时,直线通过折点 I 后,其斜率将变大,折点 II 是裂纹扩展速率加速转变点,在此阶段内的宏观断口为全剪切(或平面)断口。

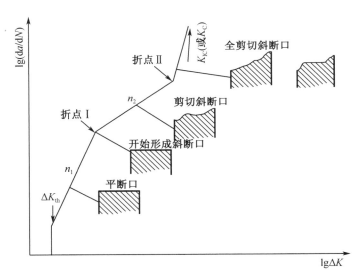

图 7 – 17　金属材料线 $(da/dN) - \Delta K$ 和宏观断口形态示意图

经过大量的试验与分析研究,人们先后发现疲劳裂纹扩展主要与下列因素有关:①材料;②在交变载荷作用下,带裂纹构件的应力强度因子变程 ΔK;③交变载荷的应力比 R,试验表明平均应力对裂纹扩展速率有明显的影响(图 7 – 18),在同一个 ΔK 下,R 值越大(亦即平均应力越大），da/dN 越高；④裂纹扩展门槛值 ΔK_{th}；⑤构件厚度 B。为了提出一个 da/dN 与各参量间的定量数学表达式，许多学者曾从各种角度出发进行了广泛研究，目前 da/dN 表达式已有数十种之多。此处仅介绍最常用的几个，现分述如下：

Paris 公式：

$$\frac{da}{dN} = C(\Delta K)^n \qquad (7-15)$$

式（7-15）很简洁，并大体反映了各种材料亚临界裂纹扩展试验数据的 ΔK 和 da/dN 的关系，因而获得相当广泛的应用。利用式（7-10）处理了各种材料的大量试验数据后发现，各种金属材料的指数 n 是在 $2 \sim 7$ 的范围内，其中多数材料又是在 $2 \sim 4$ 的范围内。但是，式（7-10）也有几个明显的缺陷：①从试验曲线可以看出，应力比 R 对（da/dN）-ΔK 曲线有不可忽视的影响，因此，同一种材料，不同的 R 也很难用单一的方程式来表达。如考虑 R 的影响，那么式（7-10）中的

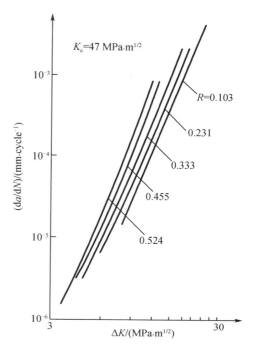

图 7-18　7075-T6 铝合金各种应力比 R 下的（da/dN）-ΔK 关系曲线

C 和 n 一定与 R 有关。②（da/dN）-ΔK 曲线在全对数坐标上并非直线，它仅仅在中间的一段可以近似地认为是直线，如果仅仅用一条直线来近似，会造成较大的误差。③未考虑裂纹扩展门槛值 ΔK_{th} 的影响。

Forman 公式：

$$\frac{da}{dN} = \frac{C(\Delta K)^n}{(1-R)K_C - \Delta K} \qquad (7-16)$$

式中，K_C 为材料的平面应力断裂韧性，它随厚度而变化。因此，式（7-16）也考虑了构件的厚度对 da/dN 的影响，但是，对于常用的薄板厚度（如 $1.0 \sim 2.5$ mm），K_C 可近似认为只与材料有关；式（7-16）考虑了 R 的影响，可用于各种应力比 R 下的变幅加载，但美中不足是未考虑应力强度因子门槛值 ΔK_{th} 的影响。

Walker 公式：

$$\frac{da}{dN} = C[K_{max}(1-R)^m]^n \qquad (7-17)$$

式中，m、n、C 为材料和介质常数；$K_{max}(1-R)^m$ 称为"有效应力强度因子"。可以看出，当 $m=1$ 时，式（7-17）和式（7-15）完全一致。式（7-17）没有考虑应力强度因子门槛值 ΔK_{th} 与断裂韧性 K_C 的影响，同样只适用于疲劳裂纹稳定扩展阶段。在广泛收集和研究 da/dN 表达式基础上，本书提出一个能描述裂纹扩展 da/dN 全范围规律的表达式：

$$\frac{\mathrm{d}a}{\mathrm{d}N} = \frac{C(\Delta K)^n \left[1 - \left(\frac{\Delta K_{\mathrm{th}}}{\Delta K} \right)^p \right]^s}{\left[\left(\frac{K_{\mathrm{C}}}{K_{\max}} \right)^q - 1 \right]^t} \tag{7-18}$$

式中，C、n、p、q、s 和 t 均为材料常数。上式考虑了裂纹扩展门槛值 ΔK_{th} 断裂韧性 K_{C}，以及应力比 R 的影响，对试验数据拟合也较好，但它的不足之处在于其参数过多，难以给出，使用比较复杂。

目前，在直升机疲劳设计等领域，广泛使用如下一个既能够描述裂纹扩展 $\mathrm{d}a/\mathrm{d}N$ 全范围规律，又易于参数估计的表达式：

$$\frac{\mathrm{d}a}{\mathrm{d}N} = \frac{C(1-f)^n \Delta K^n \left(1 - \frac{\Delta K_{\mathrm{t}}}{\Delta K} \right)^p}{(1-R)^n \left[1 - \frac{\Delta K}{(1-R)K_{\mathrm{C}}} \right]^q} \tag{7-19}$$

式中，C、n、p、q 为材料常数；f 为裂纹张开函数。式（7-19）被称为四参数 Forman 公式，同样适用于裂纹扩展全范围。

7.4　飞机结构损伤容限设计实例

飞机的机翼、尾翼和机身结构一般都采用加筋板结构，对加筋板结构的剩余强度和裂纹扩展速率的研究，在飞机结构损伤容限设计中有重要价值。

在飞机机翼、尾翼和机身的蒙皮中，为了提高板的刚度和强度，薄板常采用桁条加强，此板称为加筋板。含裂纹的加筋板与含裂纹的平板相比，在断裂特性方面有很大差别。本书为了便于分析，以等间距平行桁条加强的等厚度无限大板、中心具有 $2a$ 穿透裂纹的加筋板为例。桁条为扁平矩形桁条，它的截面形心可以假设在平板的中面之内，桁条用铆钉固定在平板上，无限远处作用平行桁条的均布载荷。在板上的平均应力为 σ，在桁条上的平均应力为 $\sigma E_{\mathrm{s}}/E$，其中，E 为板材料的弹性模量，E_{s} 为桁条材料的弹性模量。

当板中存在裂纹时，在裂纹附近的加强件将有限制裂纹张开的作用。如以铆接加筋板为例，当无裂纹时，板和桁条的应变相同，铆钉不受力。当板中出现裂纹后，板的刚度下降，根据变形一致条件，铆钉将受剪力，板中一部分载荷通过铆钉传给桁条，铆钉作用在板上，铆钉力将阻止裂纹张开。这样就产生两个后果：①降低板中裂纹尖端的应力强度因子；②增加桁条内载荷。为了表达含裂纹加筋板的断裂特性，引入两个无量纲因子，即裂纹顶端应力强度因子降低系数 C 和桁条载荷集中系数 L，当然，$C \leqslant 1$，而 $L \geqslant 1$，并且两者都是裂纹长度的函数。裂纹顶端应力强度因子降低系数 C 为加筋板应力强度因子 K_{JJ} 与非加筋板应力强度因子 K_{FJJ} 之比，即

$$C = \frac{K_{\mathrm{JJ}}}{K_{\mathrm{FJJ}}} \leqslant 1 \tag{7-20}$$

所以加筋板的应力强度因子 K_{JJ} 可表示为

$$K_{JJ} = C_\sigma \sqrt{\pi a} \tag{7-21}$$

桁条载荷集中系数 L 定义为桁条最大载荷 F_{max} 与远离裂纹处桁条载荷 F_∞ 之比,即

$$L = \frac{F_{max}}{F_\infty} \geqslant 1 \tag{7-22}$$

C 和 L 是 a/S(半裂纹长度 a 和桁条间距 S 之比)桁条剖面面积、桁条形状、铆钉间距、铆钉刚度和材料弹性模量等的函数。加筋板的 C 和 L 参量随裂纹长度的变化如图 7-19 所示。若桁条较强,则从开裂蒙皮中传递较多载荷,裂纹尖端应力强度因子降低较多,C 较小。而一根较强的桁条从蒙皮中取得的载荷相对于它已经承受的载荷来说是比较小的,所以载荷集中系数 L 比弱桁条要低一些。

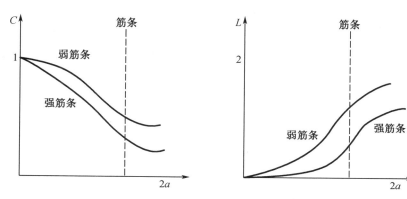

图 7-19　加筋板的 C 和 L 参量随裂纹长度的变化

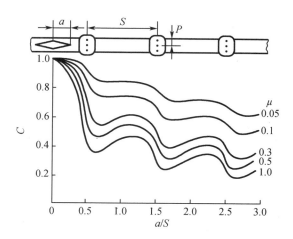

远离裂纹尖端的桁条应力强度因子降低得不多。当裂纹尖端接近桁条时,应力强度因子降低变大;当裂纹刚通过桁条中心时,应力强度因子降低最多。裂纹继续向前扩展,桁条的效应虽然降低,但桁条仍限制裂纹张开,C 降低不显著。如果桁条有较高的刚度,并且铆钉的间距较小,则降低就较大些。当裂纹尖端接近第二根桁条时,又有一个较大的应力强度因子降低(较小的 C 值),如图 7-20 所示。

图 7-20　加筋板的系数 C 随 a/S 和 μ 的变化曲线(裂纹在桁条间)

图 7-20 中,μ 为加筋板的刚度比(或称加筋比),即

$$\mu = \frac{A_S E_S}{A_S E_S + 2StE} \tag{7-23}$$

式中,A_S 为桁条剖面面积,$2S$ 为桁条间距,t 为板的厚度,E_S 和 E 分别为桁条和蒙皮材料的弹性模量。

桁条刚度对应力强度因子降低有较大影响,刚度比越大,C 越小。$\mu = 1$ 代表一个极值,它给出了应力强度因子的下限。当 $\mu = 0.5$ 时(桁条刚度和板的刚度相等),应力强度因子最大可能降低 80%。

图 7 - 21 表示桁条载荷集中系数 L 随 a/S 和 μ 的变化曲线。随着裂纹长度的增加,L 也相应增加;裂纹较长时,L 达到极值。刚度比 μ 不同,L 的极值也不同。对较小的 μ,承载最大的桁条的应力比远处的应力大很多。所以板开裂后,刚度小的桁条破坏的可能性比刚度大的桁条大。

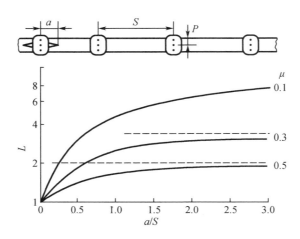

图 7 - 21 桁条载荷集中系数 L 随 a/S 和 μ 的变化曲线(裂纹在中间桁条下)

对于铆接加筋板,越靠近裂纹的铆钉,受的力也越大。当裂纹很短时,铆钉力很小。裂纹扩展长度不超过一个桁条间距时,桁条的刚度越大,铆钉力也越大。

1. 加筋板的剩余强度

首先分析一块具有中心穿透裂纹 $2a$,用两根桁条加强的简单加筋板,加筋板的剩余强度曲线见图 7 - 22。图中纵坐标为板子两端承受的名义应力(毛应力 σ),横坐标为中心裂纹长度 $2a$。a、b、c 三条虚线为非加筋板的剩余强度曲线。由于桁条的存在,应力强度因子比非加筋板降低了 C 倍($C < 1$)。假设加筋板内的裂纹扩展像在非加筋板内一样,因此发生在同样应力强度因子水平上,使裂纹扩展所需的应力将增加到 $1/C$ 倍,这意味着 a、c 曲线各升到 e、f 曲线。因为当裂纹稍微伸长到桁条中心线之外时,尖端的应力强度因子下降最多,故 e、f 曲线存在一个最大值。

加筋板的破坏应考虑板、桁条和铆钉破坏,假设铆钉直径的选择与桁条强度相对应,并保证铆钉不先产生破坏。图 7 - 22 中 g 曲线表示桁条破坏曲线。假设桁条材料与板子相同,当没有裂纹时($2a = 0$),加筋板在极限拉伸载荷 σ_b 时破坏,桁条也断裂。当裂纹增长时,桁条上载荷集中系数 L 增加,于是在较低的名义应力 σ 时,桁条上应力已达到极限拉伸强度,发生桁条破坏。故将桁条的极限拉伸强度除以载荷集中系数 L,即得 g 曲线。

当初始裂纹长度较小时($2a/2S \leqslant 1$),裂纹尖端上应力状态几乎不受桁条的影响。不稳定裂纹扩展的应力将和同尺寸的非加筋板的应力相同。当不稳定扩展的裂纹接近桁条时,桁条中载荷集中系数很高,桁条先破坏,但不能阻止不稳定裂纹扩展,发生桁条破坏和整个加筋板的断裂。裂纹扩展过程见图 7-22 中的 $ABCD$。

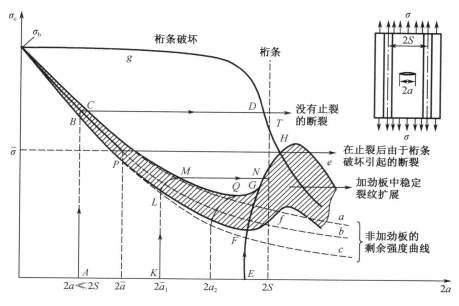

图 7-22　加筋板的剩余强度曲线

对于中等长度的裂纹(裂纹长为 $2a_1$),在稍高于非加筋板的断裂应力时,裂纹将不稳定地扩展 M 点,当裂纹不稳定扩展到桁条下时,在 N 处将被阻止。在止裂之后,如载荷进一步增加,裂纹可能继续稳定扩展一直到 H 点(桁条破坏曲线 g 和曲线 e 交点)。此时应力水平为 $\bar{\sigma}$,由于桁条破坏而导致整个壁板被破坏,裂纹扩展过程为图 7-22 中的 $KLMNH$。

初始裂纹接近桁条时($2a \approx 2S$),桁条对降低应力强度因子的作用很大。随着壁板上作用载荷的增加,裂纹尖端更加靠近桁条,桁条的效果更显著,裂纹保持稳定增长,裂纹稳定扩展到应力 $\sigma = \bar{\sigma}$,整个壁板破坏,裂纹扩展过程为图 7-22 中的 $EFGH$。

从图 7-22 中可看到,e 和 g 曲线交点 H 所决定的水平线与非加筋板的剩余强度曲线交于 P 点。当初始裂纹长度小于桁条间距时,PH 水平线构成剩余强度的下限,P 点对应的裂纹长度 $2\bar{a}$ 为"门限裂纹长度";当初始裂纹小于 $2\bar{a}$ 时,桁条对裂纹尖端处的应力强度因子影响可以忽略不计,$2\bar{a}$ 值就是能产生止裂现象的最小裂纹长度。$2\bar{a}$ 值把所考虑的裂纹长度范围划分为两个区间:一个是短裂纹区间,加筋板的破坏不受桁条影响,剩余强度曲线与非加筋板相同;另一个是长裂纹区间,在此区间内,裂纹扩展受桁条影响。加筋板刚度比与剩余强度密切相关,图 7-22 表示较弱桁条的加筋板的剩余强度曲线,而图 7-23 则表示强桁条的加筋板的剩余强度曲线。当裂纹长度为 $2a$ 时,在 B 点开始亚临界裂纹扩展,然后沿着 e 曲线扩展到曲线最高点 E,由于板破坏而引起总体破坏。从 E 点作水平切线与非加筋板剩余强度交于 R 点($2\bar{a}$),此水平线为小于桁条间距的初始裂纹所对应剩余强度的上限。

接件破坏准则也是加筋板剩余强度问题之一。载荷是通过连接件从板传递到桁条的。图 7-24 表示由于连接件破坏后加筋板的剩余强度曲线。图中 h 曲线为连接件破坏曲线,

当裂纹长度为 $2a$ 时,裂纹从 E 缓慢扩展到 F。从 F 到 G 表示不稳定扩展,在 G 点裂纹被止裂后,裂纹缓慢扩展到 K 点,由于连接件的破坏,桁条效率降低,g 曲线变为 g' 曲线,裂纹从 K 点快速扩展到 K' 点,然后缓慢扩展到 H' 点,由于桁条破坏而引起整个板子破坏。如果 K 点在 H' 点的上面,则连接件破坏引起整个壁板破坏。加筋板的剩余强度由连接件破坏准则来确定。

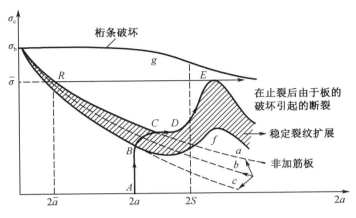

图 7 - 23　强桁条加筋板的剩余强度曲线

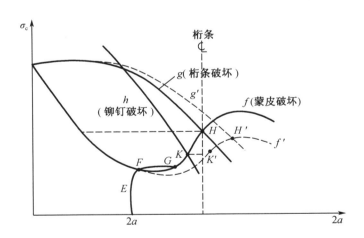

图 7 - 24　连接件破坏后加筋板的剩余强度曲线

以上讨论的均为两根桁条加筋板的剩余强度,实际上裂纹常常从一个连接孔处开始,在裂纹中间有一加强桁条,这样就形成三根或多根桁条加筋板的断裂问题,此时仍可用上述类似的方法做出相似的剩余强度曲线,从而确定各类加筋板的剩余强度。

2. 加筋板的 R 曲线

加筋板的剩余强度亦可通过加筋板的 R 曲线方法得到。图 7 - 25 表示简单加筋板的 R 曲线和能量释放率 G 曲线。当裂纹扩展到桁条附近时,加筋板中裂纹尖端的应力强度因子由式(7 - 21)得到,故弹性能量释放率 $G = C^2 \pi \sigma^2 a / E$。其中 C 是裂纹长度 a 的函数,故 G

随 a 变化是非线性的,在远离桁条时 $G-a$ 为一条直线,在桁条附近偏离直线。在应力 σ_i 时裂纹为亚临界扩展,在 A 点有一个能量平衡,并且能量释放率 G 等于裂纹扩展阻力 R。当不存在桁条时,在应力(B 点)上发生破坏。由于桁条效应,G 曲线下降,G_{cu} 与 R 曲线交于 C 点,裂纹仍为亚临界扩展。应力进一步增加到 σ_{cz} 时,发生最后破坏。在 D 点,G_{cz} 曲线与 R 曲线相切,$G_{cz}=R$。裂纹如继续扩展,将有 $G>R$,此时发生不稳定扩展,故 σ_{cz} 为加筋板的剩余强度,与 D 点对应的裂纹长度为临界裂纹长度。

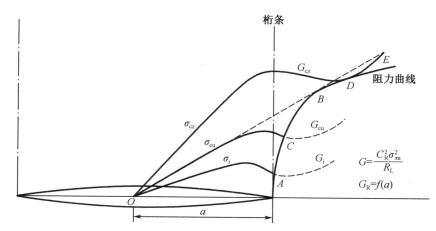

图 7 – 25　加筋板的 R 曲线和能量释放率的曲线

当加筋板中含有较短的裂纹时,由于裂纹距桁条较远,桁条的止裂作用较小,但在裂纹继续扩展到某一数值时,由于桁条作用 G 曲线与 R 曲线除切点以外还有交点 C(图 7 – 26),则裂纹在 B 点产生快速扩展后在 C 点止裂,应力 σ 仍可增加;当增加到两曲线只有一个切点而无交点时,即 σ_{cg} 时,G_{cg} 曲线与 R 曲线在 E 点相切,加筋板破坏就发生了。

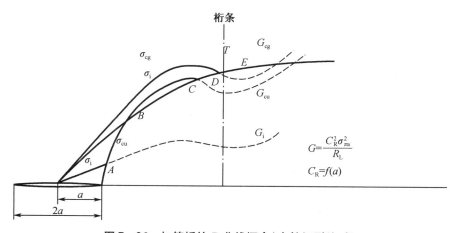

图 7 – 26　加筋板的 R 曲线概念(在较短裂纹时)

3. 加筋板的疲劳裂纹扩展

加筋板的疲劳裂纹扩展规律是加筋板损伤容限设计的一个主要依据。飞机上采用的加筋板形式、所承受的载荷和环境等都比较复杂。本节只介绍幅加载条件下典型加筋板的裂纹扩展规律。

加筋板一般由平板、桁条和连接件三种元件组成。每个元件均存在破损问题,并且任一元件的破损情况(破损迟早和破损程度)均影响其他元件破损或断裂。我们以铆接加筋板为例,先假设铆钉是刚性元件,只考虑平板和桁条相互影响的问题。这时,加筋板的裂纹扩展具有以下特点:

假设平板上存在裂纹,当裂纹扩展时,载荷不断由开裂板传递给邻近的桁条,裂纹尖端应力强度因子降低,使加筋板的裂纹扩展速率比同样带裂纹的非加筋板的扩展速率低。当裂纹通过桁条后,桁条的加强效应减少,裂纹扩展速率 da/dN 增加,根据理论计算和实验结果的比较发现,加筋板结构仍然可以采用疲劳裂纹扩展速率公式计算。以 Paris 公式为例,加筋板的裂纹扩展速率为

$$\frac{da}{dN} = C(\Delta K_R)^n \tag{7-24}$$

式中,da/dN 为裂纹扩展速率,C、n 为实验拟合的材料常数,ΔK_R 是等幅疲劳载荷下加筋板应力强度因子的幅值。

图 7-27 为理论计算和实验测量得到的加筋板裂纹扩展速率和裂纹长度的关系。裂纹扩展到桁条附近时扩展速率降低,裂纹刚过桁条时达到最低值。随着裂纹远离桁条,裂纹扩展速率又逐渐增加;到第二根桁条附近时,裂纹扩展速率又进一步降低,桁条将阻止裂纹扩展(或延缓裂纹扩展),但此时桁条中载荷集中系数增加,因而增加了桁条疲劳破损的可能性。如果桁条发生疲劳破坏,则桁条不但不能减小板子中应力强度因子,反而使板子承担额外载荷,于是加筋板的裂纹扩展速率迅速增加,导致整个板子破坏。若加筋板中存在多条裂纹(板子和桁条均存在裂纹,或板子中有多条裂纹),则在裂纹扩展计算时需同时计算各条裂纹的扩展,并应考虑各裂纹之间的相互影响。如果桁条中先出现裂纹,桁条上载荷向板子上传递,则桁条中裂纹扩展速率将降低。

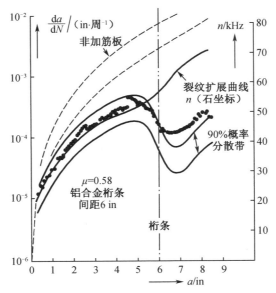

图 7-27　加筋板的疲劳裂纹扩展(实验数据单位为英制,1 in = 2.54 cm)

对于整体加筋板,裂纹扩展到筋条附近时,筋条同样有降低板子中裂纹尖端应力强度因子的作用;但裂纹进一步扩展到筋条中,筋条和壁板中的裂纹同时扩展,如图 7 – 28 所示。因此筋条对裂纹扩展速率降低的效应比铆接桁条要小。

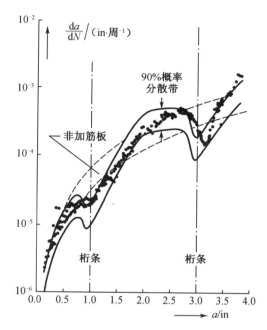

图 7 – 28　整体加筋板的疲劳裂纹扩展(实验数据单位为英制,1 in = 2.54 cm)

4. C 和 L 系数计算方法

在分析加筋板的断裂特性时可知,板中裂纹尖端应力强度因子降低系数 C 和桁条载荷集中系数 L 表示板和桁条之间的相互作用,因此,首先要解决 C 和 L 系数的计算问题。C 和 L 系数计算方法主要有以下两种:

(1)作为弹性力学的平面问题求解,解出裂纹尖端的应力场,然后解得 C 和 L 值。

(2)集中系数法。加筋板被人为地简化为许多板和杆组成的网络,由集中系数求 C 和 L 值。

习题

7.1　损伤容限设计的含义和设计的目的是什么？对哪类结构需要进行损伤容限设计？

7.2　损伤容限设计的关键问题是什么？在飞机结构中损伤容限设计的主要内容是什么？

7.3　如何选择断裂准则？

7.4　如果结构或元件剩余强度达不到设计要求时应采取哪些措施？

7.5　某构件每天运行 10 h,构件上有一块尺寸很大的平板承受平均应力为 200 MPa,应力幅值为 15 MPa 的应力水平;平板关键部位有一条裂纹与外载垂直,材料 $K_{IC} = 100$ MPa·$\sqrt{m}(R = 0.85)$,问:(a)下列因素中哪一个对防止构件断裂的安全设计最重要:(Ⅰ)K_{IC},(Ⅱ)ΔK_{th},(Ⅲ)Paris 公式适用范围的裂纹扩展率;(b)给出计算平均疲劳寿命的具体步骤。

第8章
飞机结构耐久性设计

8.1　耐久性分析概述

结构耐久性的定义是：在规定的使用和维修条件下寿命的一种度量，它是结构可靠性的一种表现形式。结构耐久性分析的目标是预测经济寿命，使之达到规定的设计使用寿命。结构的耐久性损伤主要是影响结构功能失效的损伤，在耐久性/损伤容限体系中主要用耐久性经济寿命准则确定使用寿命，而结构的安全性则主要由损伤容限来保证。

耐久性经济寿命准则的直接形式是修理/更换费用比准则。由修理后结构的寿命和新结构寿命的比较可以指定修理/更换费用比的许用值，当结构进行修理时的修理/更换费用比超过许用值时，就认为结构的经济寿命终止。修理费用除取决于修理部位的多少及修理方法外，还涉及修理体制、经费支付形式和管理等多方面因素，因而不是一个纯技术问题。从耐久性分析方法而言，耐久性经济寿命准则主要采用"裂纹超越数准则"，也就是用需要进行修理的细节数量作为经济寿命是否终止的控制指标。

综上所述，耐久性分析的目的就是进行结构的损伤度评估，损伤度通常用给定可靠度下的裂纹超越数表示，并根据指定的允许损伤度要求评定结构的经济寿命。由于结构允许进行经济修理，因此，结构的经济寿命是修理前、后经济寿命的总和，不同的修理方案有不同的经济寿命。耐久性分析给出的经济寿命必须对应于指定的修理大纲（修理次数、修理范围、修理量和修理工艺等）。

国内外建立和发展的耐久性分析方法主要有概率断裂力学方法（probabilistic fracture mechanics approach，PFMA）、裂纹萌生方法（crack initiation approach，CIA）和确定性裂纹增长方法（deterministic crack growth approach，DCGA）。

耐久性分析的概率断裂力学方法是20世纪80年代以来发展的耐久性分析新技术。它以结构细节模拟试件耐久性试验所获得的裂纹形成时间（time to crack initiation，TTCI）数据集为基础，应用概率断裂力学原理，建立描述结构原始疲劳质量（initiation fatigue quality，IFQ）的通用当量初始缺陷尺寸（equivalent initial flaw size，EIFS）分布，进而给出损伤度随时间变化的函数关系，依据指定的损伤度要求[允许的裂纹超越（百分）数和可靠度]预测结构的经济寿命。这种方法能准确地应用经济寿命准则进行耐久性分析,但必须以3种(或更多)应力水平下结构细节模拟试件耐久性试验为应用前提,而且最好在试验中采用真实结构的详细设计阶段飞-续-飞谱或实测的飞-续-飞谱。在第7章中阐述了损伤度评估与经济寿命预测方法。本章内容参考了美国空军耐久性设计手册所建立的三参数 Weibull 模型。

裂纹萌生方法是作者在传统的疲劳分析方法上加以发展建立的耐久性分析方法。该方法以结构细节裂纹萌生并达到经济修理极限对应的"裂纹萌生寿命"$p-s-N$曲线族和谱载下寿命估算的线性累积损伤理论(Miner 理论)为基础,结构细节群的 IFQ 由结构细节裂纹萌生 $p-s-N$ 曲线族表示,可用于建立损伤度随时间变化的函数关系,并预测结构经济寿命,但不能计及谱载中载荷的顺序效应。该方法的应用前提条件是有结构材料的常规疲劳试验数据和 1~2 组结构细节模拟试件在恒幅交变载荷下的裂纹萌生寿命试验结果。该方法为避免恒幅试验应力水平选取困难,在一定程度上考虑谱中载荷的顺序效应,同时注意到较小样本模拟试件所得裂纹萌生寿命标准差偏小而造成结果偏危险的情况,对原有裂纹萌生方法做了重要改进。

确定性裂纹增长方法是在损伤容限设计中较长裂纹扩展寿命计算方法基础上发展而来的。它以典型的假设初始缺陷尺寸、相对小裂纹(当量)扩展速率和裂纹扩展计算程序为基础,结构细节的 IFQ 用假设初始缺陷尺寸和相对小裂纹(当量)扩展速率来表示。该方法可以给出最严重应力区典型细节在 2 倍设计使用寿命时的裂纹尺寸,也可以给出各应力区最差的细节在 1 倍设计使用寿命时的裂纹尺寸,检验这些裂纹尺寸是否超过经济修理极限,即可判断所设计的结构能否达到耐久性的基本要求。但是,该方法不能综合各应力区损伤而给出结构损伤度随时间变化的函数。这种方法应用的前提条件是利用结构细节在一种基本的载荷谱下的模拟试件耐久性试验数据而得到相对小裂纹扩展速率公式。

8.2 结构原始疲劳质量评估

◉ 8.2.1 引言

1. 结构原始疲劳质量(IFQ)的概念与意义

不同的结构细节在相同的疲劳应力作用下会有不同的寿命,这是因为它们有不同的材料、几何因素和工艺状态(统称为原始制造状态)。IFQ 就是结构细节原始制造状态的表征,代表了细节的疲劳品质。材料、几何因素和名义制造/装配工艺过程相同细节构成的结构细节群,其各细节的实际工艺状态并不相同,因此,各有不同的 IFQ,而结构细节群的 IFQ 则是细节 IFQ 的综合。由于要确定每一个细节的 IFQ 实际上是不可能的,所以,耐久性分析中所应用的 IFQ 多指某种结构细节群的 IFQ。

确定 IFQ 的意义在于:

（1）合理地表示并确定结构细节群的 IFQ 是对结构进行耐久性分析、评估损伤度、预测经济寿命的基础和重要前提,在耐久性分析中具有举足轻重的作用。

（2）在结构的几何因素确定之后,按耐久性原则进行材料和细节工艺条件选择时,IFQ 的量化比较是主要依据。

（3）IFQ 同时是检验和控制工艺质量的依据。

2. IFQ 的表示形式

（1）结构细节的 IFQ 通常可用裂纹萌生时间(TTCI)和当量初始缺陷尺寸(EIFS)表示。

（2）TTCI 是在给定应力谱下达到指定参考裂纹尺寸所经历的时间(寿命)。由于 IFQ 不同会对应不同的 TTCI,所以 TTCI 可以表示出 IFQ 的优劣,是 IFQ 的一种表示形式。表示结构细节群 IFQ 的 TTCI 是细节群中各细节 TTCI 的综合,通常用随机变量 T 表示,称为 TTCI 分布,其取值则用 t 表示。由于结构细节群的 TTCI 分布与应力谱和参考裂纹尺寸有关,因此,它只具有相对性,即有比较的作用,而不能作为 IFQ 的定量描述。

（3）将细节原始制造状态的不同当量地认为是由于存在不同大小的初始缺陷,而用当量初始缺陷尺寸(EIFS)作为细节 IFQ 的定量描述。描述结构细节群 IFQ 的 EIFS 也是一个随机变量,通常用 X 表示,称为 EIFS 分布,其取值则用 x 表示。

EIFS 分布在理论上只依赖于结构材料与制造/装配过程,而与设计变量(如载荷谱、应力水平、细节的传递载荷比和环境)无关。由一种载荷谱和几种不同应力水平下的 TTCI 分布所导出的 EIFS 分布为结构细节群 EIFS 的几个估计,综合处理不同应力水平下所得 EIFS 分布所建立的 EIFS 分布称为通用 EIFS 分布,以表示其适用于各种应力水平下的特点。

3. 建立通用 EIFS 分布的思路与步骤

（1）建立 EIFS 分布的基础是结构细节模拟试件的耐久性试验。试验在一定的耐久性试验载荷(应力)谱下进行,通常要有不少于三种不同应力水平下的成组试验。所谓不同应力水平是指试验应力谱的各级应力均按一定比例放大或缩小,通过试验后试件断口的判读,可以获得建立 EIFS 分布所需的 (a,t) 数据集,即不少于三种应力水平下每块试件的 (a,t) 数据的综合。a 是相对小裂纹的特征裂纹尺寸(如孔边角裂纹深度),t 则为使用时间(如飞机使用的飞行小时数)。

（2）指定参考裂纹尺寸 a_r,可以确定各应力水平下各试件对应 a_r 的 t 数据。

（3）选定 TTCI 分布模型,由一种应力水平下所有试件的 TTCI 值构成的样本,可以估计对应的 TTCI 分布参数。依据 EIFS 与 TTCI 之间的函数关系,综合考虑几种应力水平下的 TTCI 分布,即可建立通用 EIFS 分布,并确定分布参数,这种方法称为建立 EIFS 分布的 TTCI 反推法。由所有应力水平下各试件对应 a_r 的 t 值反推出对应的 EIFS 值,构成 EIFS 分布的样本,根据选定的 TTCI 分布模型所对应的 EIFS 分布函数,直接估计通用 EIFS 分布参数,这种方法称为 EIFS 拟合法。

（4）a_r 不同,会得到不同的通用 EIFS 分布参数,因此可选择适当的优化准则,对通用 EIFS 分布参数进行优化。

◎ 8.2.2　建立 EIFS 和 TTCI 的分布

1. EIFS 控制曲线

(1)适用于相对小裂纹范围的裂纹扩展方程

①相对小裂纹尺寸范围及参考裂纹尺寸 a_r

耐久性设计的目标是使结构具有满足设计要求的疲劳裂纹萌生寿命。耐久性是结构抗疲劳开裂能力的度量,因此耐久性分析所要研究的主要范围是结构细节由微小的初始缺陷扩展至一个相对而言仍然较小的宏观裂纹尺寸(对紧固孔而言以 0.4～1.2 mm 为宜)所经历的过程。这一尺寸可能不会立即引起结构的安全问题,但对飞机的使用功能、结构的维修要求及寿命周期的费用等有影响。如果这种裂纹不被及时修理,一旦超过一个极限的裂纹尺寸时,就无法进行经济的修理。

参考裂纹尺寸 a_r 是一个选定的、便于观测的裂纹尺寸,通常在相对小裂纹扩展的范围内取值,其下限需保证裂纹能被比较可靠地观测,不过分依赖外推;其上限须保证所选定的裂纹扩展方程的有效性。a_r 取值的大小对裂纹形成时间有直接影响,a_r 越大,时间越长。因此,应在 a_r 的取值范围内选取若干个离散的参考值,通过对 EIFS 分布的参数优化选定 a_r 值。

②裂纹扩展方程

裂纹扩展方程采用类似于断裂力学中描述裂纹扩展速率的 Paris 公式的形式:

$$da/dt = Q[a(t)]^b \tag{8-1}$$

式(8-1)用于表达每个结构细节在载荷谱作用下相对小裂纹的扩展规律,用于确定每个结构细节在指定时刻的裂纹尺寸。疲劳裂纹扩展速率用单位时间内裂纹尺寸的扩展量 da/dt 表示;裂纹尺寸作为时间的函数 $a=a(t)$;Q 和 b 为与材料特性、载荷谱、结构细节类型等相关的参数。当载荷谱的形式确定时,常假定指数 b 与应力水平无关。

③一般情况下 Q 和 b 值的确定及情况Ⅰ($b>1$)和情况Ⅱ($b=1$)的选取

在载荷谱、结构细节及材料已知的条件下,Q 和 b 值由 TTCI 试验所得的一组 n 个试件的 m 对(a_k, t_k)数据经数据处理得到。t_k 为一组试件达到相同的 a_k 时所对应的 t 的平均值。数据处理的一般过程为:采用割线法、修正的割线法或递增多项式局部拟合法,由(a_k, t_k)($k=1, 2, \cdots, m$)数据确定出(da/dt)的值;对式(8-1)两边取常用对数,采用线性回归,由 $[\lg(da/dt)_k, \log a_k]$ 确定出参数 Q 和 b。

数据处理后所得的 b 值如果小于 1,则取 $b=1$,以避免在 EIFS 分布中出现不合理的负值。因此,b 的取值按 $b=1$(情况Ⅱ)及方 $b>1$(情况Ⅰ)两种情况来考虑。

④情况Ⅱ($b=1$)下 Q 值的确定

假定在第 i 种应力水平下进行采样试件疲劳试验,获得了 L 个有效断口,所有 L 个有效断口给出的(a, t)数据组成一个数据集,称为第 i 个数据集。假定第 i 个数据集中的第 k 个断口有 m 对(a, t)数据,且 $a \leqslant a_u$,a_u 为式(8-1)成立所允许的裂纹尺寸上界,如图 8-1 所示。下面给出两种确定裂纹扩展速率参数 Q_k 的方法。

a. 直接拟合法:采用最小二乘法令偏差平方和最小,可得到

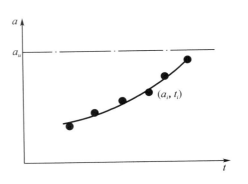

图 8-1　断口 $a-t$ 数据

$$Q_k = \frac{m\sum\limits_{j=1}^{m} t_j \ln a_j - \sum\limits_{j=1}^{m} \ln a_j \sum\limits_{j=1}^{m} t_j}{m\sum\limits_{j=1}^{m} t_j^2 - \left(\sum\limits_{j=1}^{m} t_j\right)^2} \quad (8-2)$$

式(8-2)给出了直接由 m 对 (a,t) 数据确定裂纹扩展速率参数 Q_k 的计算公式。

b. 间接拟合法:先将 m 对 (a,t) 数据转换成 $[\mathrm{d}a/\mathrm{d}t, a(t)]$ 数据,再进行最小二乘拟合,确定出 Q_k。a_j 对应 $(\mathrm{d}a/\mathrm{d}t)_j$ 的值可采用修正的割线法由下式求出:

$$\left(\frac{\mathrm{d}a}{\mathrm{d}t}\right)_j = \begin{cases} \dfrac{a_{j+1} - a_j}{t_{j+1} - t_j} & j = 1 \\[2mm] \dfrac{1}{2}\left[\dfrac{a_{j+1} - a_j}{t_{j+1} - t_j} + \dfrac{a_j - a_{j-1}}{t_j - t_{j-1}}\right] & 1 < j < m \\[2mm] \dfrac{a_j - a_{j-1}}{t_j - t_{j-1}} & j = m \end{cases} \quad (8-3)$$

采用其他的方法同样也可确定出 $[(\mathrm{d}a/\mathrm{d}t)_j, a_j]$ 的值。将 $[(\mathrm{d}a/\mathrm{d}t)_j, a_j]$ 的数据值代入式(8-4),即可确定出 Q_k 值:

$$Q_k = \exp\left[\frac{\sum\limits_{j=1}^{m} \ln\left(\dfrac{\mathrm{d}a}{\mathrm{d}t}\right) - \sum\limits_{j=1}^{m} \ln a_j}{m}\right] \quad (8-4)$$

对于 $b > 1$ 的情况也可得到类似的结果。通常耐久性分析中推荐采用情况 Ⅱ ($b = 1$)进行数据处理。

(2) EIFS 控制曲线

①裂纹尺寸与时间的一般关系

$b = 1$ 时

$$a(t_1) = a(t_2)\exp[-Q(t_2 - t_1)] \quad (8-5)$$

$b > 1$ 时

$$a(t_1) = \left\{[a(t_2)]^{-c} + cQ(t_2 - t_1)\right\}^{-\frac{1}{c}} \quad (8-6)$$

式中,$c = b - 1$。

②EIFS 控制曲线表征公式

EIFS 控制曲线表征了每个结构细节的当量初始裂纹尺寸 x 与其裂纹萌生时间 t 值之间的关系,它是由 TTCI 分布建立 EIFS 分布的媒介。在结构细节的裂纹尺寸随时间变化的关系中,令 $t_1 = 0, t_2 = T, a(t_2) = a(T) = a_r$,得到

$b = 1$ 时

$$X = a(0) = a_r \exp(-QT) \tag{8-7}$$

$b > 1$ 时

$$X = a(0) = (a_r^{-c} + cQT)^{-\frac{1}{c}} \tag{8-8}$$

注意式(8-8)在理论上适用于 $b \neq 1$ 的一切情况。但由于 $b < 1$ 时,如果 $T > \dfrac{a_r^{-c}}{-cQ}$,则有 $a(0) < 0$。在物理概念上负的当量初始裂纹尺寸是不合理的,因此不取 $b < 1$。

③EIFS 的上界 x_u

令 $T = \varepsilon$ 为 TTCI 的下界,则有

$b = 1$ 时

$$x_u = a_r \exp(-Q\varepsilon) \tag{8-9}$$

$$\varepsilon = \frac{1}{Q} \ln \frac{a_r}{x_u} \tag{8-10}$$

$b > 1$ 时

$$x_u = (a_r^{-c} + cQT)^{-\frac{1}{c}} \tag{8-11}$$

$$\varepsilon = \frac{1}{cQ}(x_u^{-c} - a_r^{-c}) \qquad a_r \geqslant x_u \tag{8-12}$$

因此,EIFS 的上界与 TTCI 的下界满足式(8-9)~式(8-12)的关系。

2. TTCI 分布及参数估计

(1)TTCI 的分布特性

TTCI 是结构细节在给定载荷谱作用下达到某一指定裂纹尺寸 a_r 值所经历的时间,用随机变量 T 表示,不同的载荷谱及 a_r 值将对应不同的随机变量 T。其分布特性需通过大样本试验加以检验。

在本节中假定,在指定载荷谱及 a_r 的条件下,随机变量 T 服从三参数 Weibull 分布。用 t 表示随机变量 T 的取值,则其概率密度函数为

$$f_T(t) = \frac{\alpha}{\beta} \left(\frac{t - \varepsilon}{\beta} \right)^{\alpha - 1} \exp \left[-\left(\frac{t - \varepsilon}{\beta} \right)^{\alpha} \right] \quad t \geqslant \varepsilon \tag{8-13}$$

累积分布函数为

$$F_T(t) = 1 - \exp \left[-\left(\frac{t - \varepsilon}{\beta} \right)^{\alpha} \right] \quad t \geqslant \varepsilon \tag{8-14}$$

式中,α 为形状参数;β 为比例参数;ε 为 TTCI 的下界或最小参数。

(2)确定第 i 个数据集的裂纹扩展参数 Q_i

第 i 个数据集中第 k 个断口($k = 1, 2, \cdots, L$)的裂纹扩展速率参数 Q_{ik},可由式(8-2)或式(8-4)求出。各断口的 Q_{ik} 值各不相同,只能用于确定该断口的 TTCI 值,不能描述给定应力水平下的裂纹扩展规律。为了由 TTCI 分布反推出 EIFS 分布,需要确定描述 n 个数据集的裂纹扩展参数 Q_i。其步骤如下:

①确定与参考裂纹尺寸 a_r 相对应的 t 值,用 $(a_r)_v$ 表示所选取的不同参考裂纹尺寸值,用 $(t_{ik})_v$ 表示第 k 个断口中与参考裂纹尺寸 $(a_r)_v$ 相对应的 t 值。

a. 当 $(a_r)_v < a_1$ 时 (a_1 为由断口观测到的最小裂纹尺寸)，$(t_{ik})_v$ 由式(8-15)外推确定：

$$(t_{ik})_v = t_1 - \frac{1}{Q_k}\ln\frac{a_1}{(a_r)_v} \tag{8-15}$$

式中，a_1 和 t_1 为最小的断口观测数据；Q_k 由式(8-2)或式(8-4)求出。

b. 当 $(a_r)_v > a_1$ 时，取邻近 $(a_r)_v$ 的3对 (a,t) 数据，由拉格朗日内插法确定出 $(t_{ik})_v$，即

$$(t_{ik})_v = \sum_{l=1}^{3}\sum_{3}\frac{[(a_r)_v - a_j]t_l}{a_l - a_j} \tag{8-16}$$

c. 当 $(a_r)_t = a_j$ 时，即参考裂纹尺寸 a_r 恰好等于某个断口观测到的裂纹长度时，则有

$$(t_{ik})_v = t_j \tag{8-17}$$

根据式(8-15)、式(8-16)及式(8-17)可获得 $(a_r)_v$ 所对应的 TTCI 值 $(t_{ik})_v$。

②确定第 i 个数据集的裂纹扩展参数 Q_i。Q_i 不能由任意一个断口的 (a,t) 数据单独得出，也不能由某一个断口的 (a,t) 数据来估计。作为一种可以接受的工程估计，推荐采用 $(a_r)_v$ 和数据集中与 $(a_r)_v$ 对应的 t 的平均值 $(t_i)_v$ 来估计 Q_i，如图 8-2 所示。其步骤如下：

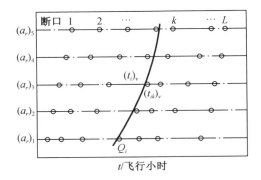

图 8-2　第 i 个数据集 Q_i 的确定

a. 由第 i 个数据集中全部 L 个断口，得到与 $(a_r)_i$ 对应的 t 平均值 $(t_i)_v$ 为

$$(t_i)_v = \frac{1}{L}\sum_{k=1}^{L}(t_{ik})_v \tag{8-18}$$

式中，$(t_{ik})_v$ 为第 k 个断口中与 $(a_r)_v$ 对应的 t 值，由式(8-15)、式(8-16)或式(8-17)求出。

b. 将所求出的 $[(a_r)_v,(t_i)_v]$ 数据组代入式(8-3)或式(8-4)，即可计算出第 i 个数据集的裂纹扩展速率参数 Q_i（如图 8-2 所示）。

(3)指定 a_r 下，x_u 的选取范围及选定 x_u 对应的 ε_i

指定 a_r 下，当量初始裂纹尺寸的上界 x_u 的取值应当满足：

$b = 1$ 时

$$a_r\exp(-Q_it_i) \leq x_u \leq a_r \tag{8-19}$$

$b > 1$ 时

$$(a_r^{-c} + cQ_it_i)^{-\frac{1}{c}} \leq x_u \leq a_r \tag{8-20}$$

式中，$c = b - 1$。

同时，x_u 的取值还必须能为用户所接受。

适当地选定 a_r 和 x_u 后，可根据式（8 - 10）或式（8 - 12）确定出第 i 个数据集的 TTCI 下界 ε_i：

$b = 1$ 时

$$\varepsilon_i = \frac{1}{Q_i} \ln \frac{a_r}{x_u} \tag{8 - 21}$$

$b > 1$ 时

$$\varepsilon_i = \frac{1}{cQ}(x_u^{-c} - a_r^{-c}) \tag{8 - 22}$$

式中，ε_i 值应大于或等于零，小于或等于第 i 个 TTCI 数据集中的最小值 t_1。

（4）α_i 与 β_i 的确定

①将在给定 a_r 下第 i 个数据集中 L 个断口的 $(t_k)_i$ 按从小到大的次序排列：$t_1 < t_2 < \cdots < t_k < \cdots < t_L$，对应于 t_k 的 TTCI 累积分布概率 $F_T(t_k)$ 的均秩估计量为

$$F_T(t_k) = \frac{k}{L + 1} \tag{8 - 23}$$

式中，k 为 $(t_k)_i$ 值重新排列后的序号；L 为第 i 个数据集的有效断口个数。

②第 i 个数据集的 TTCI 分布的形状参数 α_i 由最小二乘线性回归得到，即

$$\alpha_i = \frac{L \sum\limits_{k=1}^{L} Y_k Z_k - \sum\limits_{k=1}^{L} Y_k \sum\limits_{k=1}^{L} Z_k}{L \sum\limits_{k=1}^{L} Y_k^2 - \left(\sum\limits_{k=1}^{L} Y_k\right)^2} \tag{8 - 24}$$

式中，L 为第 i 个数据集的有效断口数；Z_k 和 Y_k 分别为

$$Z_k = \ln \ln [1 - F_T(t_k)]^{-1} \tag{8 - 25}$$

$$Y_k = \ln(t_k - \varepsilon_i) \tag{8 - 26}$$

第 i 个数据集的比例参数 β_i 由下式求得：

$$\beta_i = \exp \frac{\alpha_i \sum\limits_{k=1}^{L} Y_k - \sum\limits_{k=1}^{L} Z_k}{\alpha_i L} \tag{8 - 27}$$

至此，可根据任意一个数据集的 L 个断口数据反推出在给定 a_r 下的 t 值，并在选定 a_r 和 x_u 后确定出此数据集所对应的 TTCI 分布参数 α_i、β_i 及 ε_i。

3. 通用 EIFS 分布

（1）EIFS 分布特性

EIFS 是结构细节在使用前所包含的假想的初始缺陷尺寸，表征结构细节所包含的真实初始缺陷尺寸的当量影响，用随机变量 X 表示，其取值用 x 表示。在指定载荷谱应力水平（Q 和 b 已知）及 a_r 下，X 是 T 的函数，因此 EIFS 分布可由 TTCI 分布推出，其原理如图 8 - 3 所示。

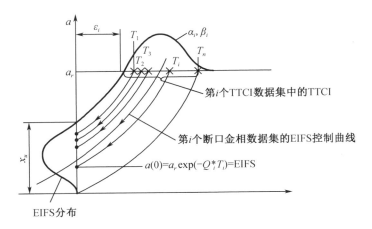

图 8 – 3　由 TTCI 数据确定 EIFS 分布

EIFS 分布的概率密度函数为

$b = 1$ 时,有

$$f_X(x) = \frac{\alpha}{Q\beta}\Big[\frac{\ln(x_u/x)}{Q\beta}\Big]^{\alpha-1}\exp\Big\{-\Big[\frac{\ln(x_u/x)}{Q\beta}\Big]^{\alpha}\Big\}\quad 0 < x < x_u \qquad (8-28)$$

$b > 1$ 时

$$f_X(x) = \frac{\alpha}{Q\beta x^{c+1}}\Big(\frac{x^{-c}-x_u^{-c}}{cQ\beta}\Big)^{\alpha-1}\exp\Big[-\Big(\frac{x^{-c}-x_u^{-c}}{CQ\beta}\Big)^{\alpha}\Big] \qquad (8-29)$$

式中,$0 < x < x_u$;$c = b - 1$。

EIFS 的累积分布函数为

$b = 1$ 时

$$F_X(x) = \exp\Big\{-\Big[\frac{\ln(x_u/x)}{Q\beta}\Big]^{\alpha}\Big\}\qquad 0 < x \leqslant x_u \qquad (8-30)$$

$b > 1$ 时

$$F_X(x) = \exp\Big[-\Big(\frac{x^{-c}-x_u^{-c}}{cQ\beta}\Big)^{\alpha}\Big]\qquad 0 < x \leqslant x_u \qquad (8-31)$$

(2)建立通用 EIFS 分布的约束条件

①理论约束条件

式(7 – 30)或式(7 – 31)所给出的评估结构细节原始疲劳质量的 EIFS 分布中的参数,由 TTCI 分布参数 α、β、ε 及疲劳裂纹扩展速率参数 Q、b 所确定。裂纹扩展速率参数和 TTCI 分布参数与疲劳采样试验时所选取的应力水平有关。应力水平越高,扩展速率越快,TTCI 越短。结构或构件的原始疲劳质量应当只取决于材料和制造质量,与应力水平无关。因此,式(8 – 30)或式(8 – 31)中的分布参数成为与应力水平无关的通用 EIFS 分布参数的理论约束条件是

$$\left.\begin{array}{l} x_{u1} = x_{u2} = \cdots = x_{un} \\ b_1 = b_2 = \cdots = b_n \\ Q_1\beta_1 = Q_2\beta_2 = \cdots = Q_n\beta_n \\ \alpha_1 = \alpha_2 = \cdots = \alpha_n \end{array}\right\} \qquad (8-32)$$

式中,x_{ui}、b_i、$Q_i\beta_i$、$\alpha_i (i = 1,2,\cdots,n)$ 为 n 个数据集中第 i 个数据集,或第 i 种应力水平下所得到的参数。

②对 x_u、b、$Q\beta$、α 的基本要求

由于试验数据的分散性及试验量的有限性,式(8-32)所表示的通用 EIFS 分布的理论约束条件不可能精确地满足。下面将给出一种可为工程应用所接受的方法,使式(8-32)能得到近似满足。

a. 参数 x_u

x_u 是当量初始裂纹尺寸 EIFS 的上界。结构制造完成后总有某一个细节处的初始损伤是最严重的,其当量裂纹尺寸即为 x_u。x_u 是不依赖于使用条件、客观存在的通用参数,它的取值范围应满足式(8-19)或式(8-20)。调整 a_r 和 x_u 的值,就是调整 TTCI 分布的下界 ε 值,从而可改善 TTCI 数据的拟合精度。对不同的数据集选取相同的 x_u,就可使通用性条件式(8-32)中的第一式得到满足。

b. 参数 b

b 是疲劳裂纹扩展速率关系式(8-1)中的指数,它与应力水平无关。各数据集中所得到的 b_i 值的差异是由于试验数据的有限性和分散性所造成的,因此当 $b = 1$ 时,取 $b_1 = b_2 = \cdots = b_n = 1$,使式(8-32)中的第二式得到满足。

当 $b > 1$ 时,取 $b = \dfrac{1}{n}\sum b_i$,使通用性条件式(8-32)中的第二式近似得到满足。

c. 参数 $Q\beta$

Q 是疲劳裂纹扩展速率关系式(8-1)中的参数;β 为 TTCI 分布中的比例参数,Q 和 β 的取值与应力水平密切相关。应力水平越高,裂纹扩展速率($\mathrm{d}a/\mathrm{d}t$)越快,Q 值越大,而疲劳寿命缩短,TTCI 分布向寿命减小的方面偏移,比例参数 β 趋向于减小。试验结果表明 Q 与 β 的乘积与应力水平无关。因此可取

$$Q\beta = \frac{1}{n}\sum_{i=1}^{n} Q_i\beta_i \qquad (8-33)$$

使通用性条件式(8-32)中的第三式得到近似满足。

d. 参数 α

α 是通用 EIFS 分布的形状参数。为了使 α 的取值能合理地描述不同应力水平下结构细节的 EIFS 分布,可利用各种不同应力水平下所获得的 TTCI 数据,转换成一种与应力水平无关的统计量,确定其分布参数 α 值作为 EIFS 分布参数,即可使通用性条件式(8-32)中的第四式得到满足。

（3）指定(a_r,x_u)下的通用 EIFS 参数 $Q\beta$ 与 α

①$Q\beta$ 及第 i 个数据集的名义裂纹扩展参数 Q_i 的确定

$Q\beta$ 的值由式（8－33）确定，实际求得的 $Q_i\beta_i$ 值并不等于 $Q\beta$ 值。为了保证 $Q_i\beta_i$ 的值满足通用性条件，定义

$$Q_i = Q\beta/\beta_i \tag{8-34}$$

定义 $\hat{Q}_i$ 为第 i 个数据集的名义裂纹扩展参数，用 $\hat{Q}_i$ 代替 Q_i，则有

$$\hat{Q}_1\beta_1 = \hat{Q}_2\beta_2 = \cdots = \hat{Q}_n\beta = Q\beta$$

②α 的确定

方法一：

a. TTCI 的累积分布函数式（8－14）的量纲为 1，以 $b=1$ 的情况为例，可采用式（8－34）的结果构成如下不依赖于应力水平的随机变量：

$$W = \hat{Q}_i(t_k)_i - \ln(a_r/x_u) \tag{8-35}$$

其分布函数

$$F_W(w) = 1 - \exp\left\{ -\left[\frac{w - \ln(a_r/x_u)}{Q\beta} \right]^\alpha \right\} \tag{8-36}$$

b. W 是新的统计量，且服从以 α 和 $Q\beta$ 为参数的双参数 Weibull 分布。由于 α 和 $Q\beta$ 与应力水平无关，因此不同数据集中的 TTCI 数据可用 W 的形式统一组合。第 i 个数据集中第 k 个断口中与取定的 a_r 相对应的量纲为 1 的值，则为 W 的一个取值。$\hat{Q}_i$ 是第 i 个数据集的名义裂纹扩展参数。

c. 设第 i 个数据集包含的有效断口为 L_i 个，则 W 的值共有 $N = \sum L_i$ 个，并组合成一个数据样本。

d. 将 W 按从小到大的次序排列，求出对应于 w_j 的累积分布概率 $F_W(w)$ 的均秩估计量为

$$F_W(w) = \frac{j}{N+1} \qquad j = 1,2,\cdots,N \tag{8-37}$$

e. 将式（8－36）两边取二次对数得

$$Z = \alpha X - \alpha\ln(Q\beta) \tag{8-38}$$

式中

$$\left.\begin{array}{l} Z = \ln\{-\ln[1 - F_W(w)]\} \\ X = \ln W = \ln[\hat{Q}_i(t_k)_i - \ln(a_r/a_u)] \end{array}\right\} \tag{8-39}$$

f. 在选定 a_r 和 x_u 值后，由断口反推获得的 $(t_k)_i$ 及 $\hat{Q}_i$ 值计算出 w，根据式（8－37）估算出 $F_W(w)$ 值。

g. 根据式（8－39）求出对应的 Z、X 值。

h. 通过线性回归得出

$$\frac{\sum Z}{\sum X - N\ln(Q\beta)} \tag{8-40}$$

方法二：

a. 定义

$$t_c = \frac{\left[(t_k)_i - \hat{\varepsilon}_i \right]}{\beta_i} \qquad (8-41)$$

式中，$\hat{\varepsilon}_i$ 为与 $\hat{Q}_i$ 相对应的第 i 个数据集的 TTCI 分布的名义下界，且有

$$\hat{\varepsilon}_i = \frac{\ln(a_r/x_u)}{\hat{Q}_i} \qquad (8-42)$$

b. 构成新的量纲为 1 的统计量 T_c，其累积分布函数

$$F_{T_c}(t_c) = 1 - \exp(-t_c)^\alpha \qquad (8-43)$$

组合后的统计量 T_c 服从下界为零、比例参数为 1 的 Weibull 分布，α 为通用分布参数。

c. 由式 $(8-41)$ 求出的 t_c 值共有 N 个，用 j 表示其从小到大的排列序号，与 $t_{c,j}$ 值对应的累积分布概率的均秩估计量为

$$F_{T_c}(t_{c,j}) = \frac{j}{N+1} \qquad j = 1,2,\cdots,N \qquad (8-44)$$

d. 将式 $(8-43)$ 两边取二次对数，得

$$Z = \alpha X \qquad (8-45)$$

式中

$$\left. \begin{array}{l} Z = \ln\{-\ln[1 - F_{T_c}(t_c)]\} \\[2mm] X = \ln t_c = \ln \dfrac{(t_k)_i - \hat{\varepsilon}_i}{\beta_i} \end{array} \right\} \qquad (8-46)$$

根据式 $(8-46)$ 求出相应的 X、Z 值。

e. α 值通过如下的最小二乘线性回归方程得出：

$$\alpha = \sum Z / \sum X \qquad (8-47)$$

注意：由式 $(8-40)$ 及式 $(8-47)$ 计算出的通用分布参数值 α 应当是相同的。

上述建立通用 EIFS 分布过程示意图，如图 $8-4$ 所示。

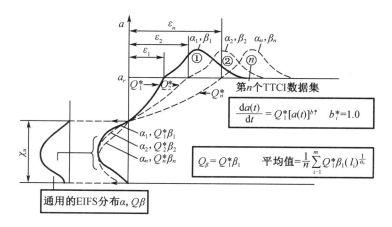

图 8－4　通用 EIFS 分布示意图

（4）参数优化

①参数优化准则

改变 (a_r, x_u) 会得到不同的 $(\alpha, Q\beta)$，为得到最佳的 $(x_u, \alpha, Q\beta)$ 值，需要进行参数优化。优化的准则是使综合各应力水平的统计量 W（或 T_c）的全部样本值所对应的累积分布函数理论值与试验值之间偏差的平方和（SSE）最小。

进行参数优化时，a_r 的取值范围为建立裂纹扩展方程时所选定参考裂纹尺寸离散值中偏大的一半取值。若所选最大值与最小值分别用 a_u、a_1 表示，则优化时 a_r 的取值范围为 $\frac{1}{2}(a_u + a_1) \leqslant a_r \leqslant a_u$。而 x_u 的取值范围除满足式（8-19）或式（8-20）的基本要求外，其最大值还应不大于经济修理极限 a_e。

②参数优化方法

a. 偏差平方和（SSE）的求法如下：以选用统计量 W 为例，将 w_j 代入式（8-36）计算 $F_W(w_j)$ 的理论值，由式（7-37）计算其试验值 $F'_W(w_j)$，则有

$$SSE = \sum_{j=1}^{N} \left[F_W(w_j) - F'_W(w_j) \right]^2 \tag{8-48}$$

改变 (a_r, x_u)，使 SSE 最小时所对应的 $(x_u, \alpha, Q\beta)$ 即为 EIFS 分布参数优化结果。

b. 不同 a_r 下，TTCI 分布的估计如下：给定 a_r 值下所获得的一组通用分布参数 $(x_u, \alpha, Q\beta)$，不但应当能较好地预测该 a_r 值下各数据集的 TTCT 分布，而且还应能较好地预测其他 a_r 值下 TTCT 分布。

由通用 EIFS 分布所描述的结构原始疲劳质量应该保证，由确定性裂纹扩展所导出的相同应力水平对应的任何参考裂纹尺寸 $(a_r)_k$ 下的 TTCI 分布形状参数 α 和比例参数 β 的值相同（图8-5）。不同的 $(a_r)_k$ 值所对应的 TTCI 分布的区别仅是下界 ε_k 不同。

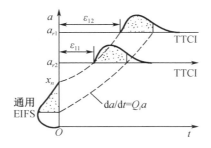

图8-5　不同 a_r 下的 TTCI 分布

选定 $a_r = (a_r)_k$ 及 x_u 的条件下，获得通用 EIFS 分布参数 $Q\beta$ 和 α，以及应力水平 i 下的 $\beta_i = Q\beta/\hat{Q}_i$，在预测 $(a_r)_z$ 下的 TTCI 分布时应保持不变。因此，应力水平 i 对应的 $(a_r)_z$ 下 TTCI 的分布函数为

$$F_T(t) = 1 - \exp\left[-\left(\frac{t - \hat{\varepsilon}_{iz}}{\beta_i} \right)^\alpha \right] \tag{8-49}$$

式中，当 $a_r = (a_r)_z$ 时，对应的 $\hat{\varepsilon}_{iz}$ 为

$$\hat{\varepsilon}_{iz} = \frac{1}{\hat{Q}}\ln\frac{(a_r)_z}{x_u} \tag{8-50}$$

根据偏差平方和的大小,以及不同应力水平和不同 a_r 值下的 TTCI 分布的拟合优度,就可以得到适宜的通用 EIFS 分布参数。

8.3 概率断裂力学方法

◉ 8.3.1 引言

结构耐久性分析的主要目的是对结构进行损伤度评估与经济寿命预测。以概率断裂力学为基础的耐久性分析概率断裂力学方法(PFMA)是一种先进且重要的耐久性分析方法。本节内容建立在结构原始疲劳质量(IFQ)评估方法,即在描述结构 IFQ 的当量初始缺陷尺寸(EIFS)分布的基础上,阐述用概率断裂力学方法进行结构损伤度评估与经济寿命预测的原理及方法。主要内容包括:结构损伤度随使用时间变化的函数关系;指定损伤度要求下的经济寿命预测(修理前的经济寿命和指定修理大纲所对应的修理后经济寿命);依据耐久性分析结果对修理大纲提出的建议,并最终评定结构的经济寿命是否和怎样达到设计使用寿命的要求。

1. PFMA 的总体步骤

利用 PFMA 进行结构耐久性分析的总体步骤一般包括如下几方面:

(1)决定进行耐久性分析的对象和范围,从而明确耐久性分析的结构细节群;

(2)对细节群进行应力区划分,每个应力区各细节处的名义应力可以合理地认为基本相同;

(3)建立各应力区的使用期裂纹扩展控制曲线(SCGMC);

(4)确定各应力区的裂纹超越概率和裂纹超越数,在此基础上确定细节群和结构的裂纹超越数;

(5)定义用裂纹超越数(或百分数)和可靠度表示的结构损伤度,评估指定使用时间的结构损伤度,生成损伤度随使用时间变化的曲线,选择允许损伤度,预测结构的经济寿命;

(6)如果修理前的经济寿命达不到指定的使用寿命要求,则需提出合理的经济修理方案,并进行修理后的损伤度评估和经济寿命预测;

(7)耐久性分析的结论应给出合理的修理大纲所对应结构的经济寿命,判断其是否可以达到要求的设计使用寿命。

2. 耐久性分析的对象与范围

由于结构损伤度评估、经济寿命的预测结果与耐久性分析的对象和范围有着密切的关系,因此在进行耐久性分析时,首先必须明确耐久性分析的对象和范围。

(1)所谓耐久性分析的对象是指,要分析的是结构的一个或几个关键构件,一个或几个部件,还是整个结构。关键构件的耐久性分析是部件和整个结构耐久性分析的基础。而在一个关键构件中又可能包括耐久性分析的一种或几种细节。所谓细节,是指那些易于产生疲劳裂纹的部位,如紧固孔、圆角和其他几何不连续处。材料、几何形状、工艺相同或相近的细节属于同一种细节。耐久性分析中必须考虑那些应力水平高、应力集中严重的主要细节。

(2)所谓耐久性分析的范围是指,要分析的是一个结构、一批结构,还是现有的全部这种结构。例如,要分析某种型号的飞机结构,就要指明是一架飞机、一个机队,还是整个机群。

(3)明确耐久性分析的对象与范围即可知道要对几种细节群进行耐久性分析。每个细节群具有多少个细节,对每个细节群进行耐久性分析是最终实现所要求的耐久性分析目标的基础。

3. 细节群的应力区划分

(1)一个细节群含有一定数量的细节,而每个细节处的应力水平不同。在进行耐久性分析时,必须将全部细节划分为若干个应力区,划入同一应力区的细节处应视为具有相同的应力水平。

(2)划分应力区的依据是构件的应力计算,或实测所给出的各细节处名义应力。

(3)划分应力区的原则是将应力大致相同的细节划入同一个应力区,使每个应力区内细节要有一定数量,最好能达到 30 个以上。而同应力区各细节应力水平的差别又应较小,特别是在对细节群耐久性损伤影响较大的高应力区,同应力区内实际应力最大值与最小值相差不要超过 5%。而应力较低的应力区内,允许各细节的应力相差大一些。

(4)每个应力区的名义应力可以取所含各细节实际应力的平均值。在工程上为使耐久性分析结果偏于安全,通常取所含各细节实际应力的最大值。

◉ 8.3.2 使用期裂纹扩展控制曲线(SCGMC)

1. SCGMC 的概念与意义

(1)对于给定的应力区,描述其细节原始疲劳质量(IFQ)的当量初始缺陷尺寸(EIFS)随时间 t 而扩展。通常假定在扩展过程中,其扩展方程是确定的,因此,在给定时间 t 时,应力区中细节群的尺寸分布为一个与 EIFS 分布形式相同,最小值仍为 0,而最大值加大的分布,如图 8-6 所示。指定参考裂纹尺寸 x_1,在时间 t 时,给定应力区(i)的细节裂纹尺寸超过 x_1 的概率(称之为裂纹超越数概率)为 $p(i,t)$。在 t 时

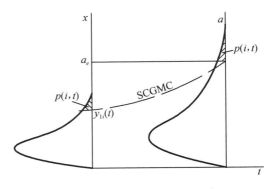

图 8-6　EIFS 分布随时间的扩展

刻,裂纹尺寸等于 x_1 的细节在时间 $t=0$ 时的当量初始缺陷尺寸取值 $y_{1i}(t)$ 对应的 EIFS 超

越分布函数取值,亦应等于 p(i,t)。

显然,对应不同时间 t、裂纹尺寸超过 x_1 的概率 p(i,t) 不同,对应的 $y_{1i}(t)$ 也不同。因此,$y_{1i}(t)$ 是时间 t 的函数,同时与参考裂纹尺寸 x_1 的大小有关。在 x_1 指定时,$y_{1i}(t)$ 随时间 t 的增大而减小。给定应力区的 $y_{1i}(t)$ 随时间 t 变化的曲线称为使用期裂纹扩展控制曲线。

(2)对于不同的应力区,EIFS 随时间扩展的快慢、应力水平的不同而不同。同一时间 t,应力水平高的应力区细节的裂纹尺寸分布位置偏高,裂纹尺寸超过 x_1 的概率 p(i,t) 偏大,对应的 $y_{1i}(t)$ 偏小。所以,不同的应力区所对应的 SCGMC 不同。

(3)SCGMC 被用于确定当量初始缺陷尺寸 $y_{1i}(t)$。在给定应力区中,这一尺寸在达到使用时间 t 时将扩展到选定的参考裂纹尺寸 x_1。一旦 $y_{1i}(t)$ 被确定,即可由 EIFS 分布函数得到该应力区时间 t 所对应的裂纹超越数概率 p(i,t)。

2. SCGMC 的数学表达式

(1)使用期裂纹扩展方程

为使预测的 p(i,t) 可靠,SCGMC 必须与所用的 EIFS 分布相容,这就要求使用期裂纹扩展方程的形式必须与建立通用 EIFS 分布时导出的 EIFS 控制曲线所用的裂纹扩展方程形式一致,因此,使用期裂纹扩展方程应取如下形式:

$$da/dt = Q_i [a(t)]^b \tag{8-51}$$

式中,i 为应力区序号,每个应力区均有相同的指数 b。

当 b = 1 时

$$da/dt = Q_i [a(t)] \tag{8-52}$$

(2)SCGMC 的数学表达式

使用期裂纹扩展方程积分,并令 t = 0 时 $a = y_{1i}(t)$,t = t 时 $a = x_1$,则可得到 SCGMC 的数学表达式为

$$y_{1i}(t) = x_1 \cdot \exp(-Q_i t) \tag{8-53}$$

(3)经济修理极限

在进行耐久性分析时,上述选定的参考裂纹尺寸 x_1 实际上应为细节的经济修理极限 a_e。

①经济修理极限的定义是指定细节可以经济地进行修理的指定裂纹尺寸。

②经济修理极限的大小取决于选择的修理后导致的细节尺寸增加量。

③确定经济修理极限时,必须从修理后的细节尺寸增加量中扣除裂纹前缘塑性区的尺寸。

④对紧固孔细节而言,经济修理方法是将其扩孔至下一级允许的孔径。因此,其经济修理极限应取修理时的半径增加量减去在最大名义应力作用下具有经济修理极限尺寸的孔边裂纹径向前缘的塑性区尺寸。

(4)给定时间 t 对应的裂纹尺寸分布

对式(8-52)进行积分,可得时间 t 对应的第 i 个应力区的裂纹尺寸

$$a = x_1 \cdot \exp(-Q_i t) \tag{8-54}$$

式中,x 为 t = 0 时当量初始缺陷尺寸 EIFS 值。

在 t 指定时, $K_i = \exp(-Q_i t)$ 是大于 0 的常数。因此, 由 EIFS 分布函数, 通过

$$F_{a(t)}(a) = F_X(x)$$

导出 a 的分布函数, 显然, $a(t)$ 与 X 有相同的分布形式。

①三参数 Weibull 模型

将 $x = a/\exp(-Q_i t)$ 代入 EIFS 分布函数

$$F_X = -\left[\frac{\ln(x_u/x)}{Q\beta}\right]^\alpha \tag{8-55}$$

可得

$$F_{a(t)}(a) = \exp\left\{-\left[\frac{\ln(x_u \exp(Q_i t)/a)}{Q\beta}\right]^\alpha\right\} \tag{8-56}$$

或

$$F_{a(t)}(a) = \exp\left\{-\left[\frac{\ln((x_u/a) + Q_i t)}{Q\beta}\right]^\alpha\right\} \tag{8-57}$$

$a(t)$ 同样服从三参数 Weibull 相容分布, 而且与 EIFS 分布有相同的 α、$Q\beta$ 值, 只是最大值比 EIFS 最大值提高了 K_i 倍。

②双参数 Weibull 模型

令式 $(8-57)$ 中的 $x_u = a_r$, 并取 $a_r = a_e$, 则有

$$F_{a(t)}(a) = \exp\left\{-\left[\frac{\ln((a_e/a) + Q_i t)}{Q\beta}\right]^\alpha\right\} \tag{8-58}$$

上式仍然服从双参数 Weibull 相容分布, 与 EIFS 分布有相同的分布参数 α、$Q\beta$ 值, 只是 $a(t)$ 的最大值比 EIFS 最大值提高了 K_i 倍。

③对数正态模型

EIFS 的分布函数为

$$F_X(x) = 1 - \Phi\left[\frac{\ln\ln(a_e/x) - \mu_z}{\sigma_z}\right]^\alpha$$

将 $x = a/\exp(-Q_i t)$ 代入, 则得

$$F_{a(t)}(a) = 1 - \Phi\left\{\frac{\ln\ln[a_e \exp(Q_i t)/a] - \mu_z}{\sigma_z}\right\}^\alpha \tag{8-59}$$

或

$$F_{a(t)}(a) = 1 - \Phi\left[\frac{\ln\ln(a_e/a) + \ln Q_i t - \mu_z}{\sigma_z}\right]^\alpha \tag{8-60}$$

上式仍然服从对数正态相容分布, 有相同的分布参数, 但最大值比 EIFS 最大值提高了 K_i 倍。

3. 确定 SCGMC 的方法

(1) 确定 SCGMC 时应区分下列两种情况, 并分别采用不同的方法

①建立通用 EIFS 分布时所得的两种以上应力水平下模拟试件耐久性试验断口 (a, t) 数据集对确定 SCGMC 是有效的, 此时可采用由断口数据集确定 SCGMC 的方法。

②建立通用 EIFS 分布时所得断口 (a, t) 数据集对确定 SCGMC 无效, 此时可采用由裂

纹扩展解析程序确定 SCGMC 的方法。

（2）用断口数据集确定 SCGMC 方法的适用范围及前提条件

①建立通用 EIFS 分布时所做模拟试件耐久性试验的载荷谱形式与结构耐久性分析所对应的使用载荷谱形式相同。若模拟试件耐久性试验谱中增加了少量标识载荷，或对使用载荷谱进行了轻微的调整变动，则应通过对比试验证明模拟试件耐久性试验谱与使用谱在耐久性损伤上是等效的。

②紧固孔模拟试件对应的孔的传递载荷与实际使用情况基本符合。当经过试验对比表明空孔试件与钉传载荷试件的耐久性损伤相当或空孔试件裂纹形成寿命偏短时，可以考虑用空孔试件近似代替钉传载荷试件。

③模拟试件耐久性试验所取的两种以上（通常为 3 种）应力水平，大致包括了影响构件耐久性损伤的主要应力区的应力水平。

④建立通用 EIFS 分布时所用的断口数据裂纹尺寸范围包含可能采用的经济修理极限，与确定 SCGMC 时所用的裂纹尺寸范围相同。

（3）用裂纹扩展解析程序确定 SCGMC 方法的适用范围和前提条件

①EIFS 分布的模拟试件耐久性试验载荷谱形式、应力水平、紧固孔钉传载荷比与使用谱形式、使用应力水平、结构钉传载荷比不同，因而不能用建立 EIFS 分布的模拟试件耐久性试验所得断口 (a,t) 数据集确定 SCGMC 时，则可考虑用裂纹解析程序确定 SCGMC。

②采用裂纹扩展解析程序确定 SCGMC 时，必须选择适当的裂纹扩展解析程序，通常可选用基于 Willenborg 模型、Closure 模型或其他超载迟滞模型的裂纹扩展解析程序。裂纹扩展解析程序中所必须提供的 da/dN 公式、迟滞模型参数应该是耐久性分析感兴趣的相对小裂纹尺寸范围的 da/dN 公式和迟滞模型参数。

4. 用断口数据集确定 SCGMC 的方法

各应力区 SCGMC 对应的 Q_i 值可由下式确定：

$$Q_i = \xi \sigma_i^\gamma \qquad (8-61)$$

式中，σ_i 为使用载荷谱所对应的第 i 个应力区细节最大名义应力。

式（8-61）中的系数与指数，应由建立 EIFS 分布时模拟试件耐久性试验的 m 种应力水平对应的 $\sigma_j(j=1,2,\cdots,m)$ 与由断口数据集处理而得的 $Q_j(j=1,2,\cdots,m)$ 来确定。

当 $m \geqslant 3$ 时，依据最小二乘法，应有

$$\gamma = \frac{\sum\limits_{j=1}^{m}(\lg Q_j)(\lg \sigma_j) - \dfrac{1}{m}\left(\sum\limits_{j=1}^{m}\lg Q_j\right)\left(\sum\limits_{j=1}^{m}\lg \sigma_j\right)}{\sum\limits_{j=1}^{m}(\lg \sigma_j)^2 - \dfrac{1}{m}\left(\sum\limits_{j=1}^{m}\lg \sigma_j\right)^2} \qquad (8-62)$$

$$\xi = 10^{\frac{1}{m}\left(\sum\limits_{j=1}^{m}\lg Q_j - \gamma \sum\limits_{j=1}^{m}\lg \sigma_j\right)} \qquad (8-63)$$

当 $m=2$ 时，即 $j=$ Ⅰ、Ⅱ 时，则有

$$\gamma = \frac{\lg(Q_\mathrm{I}/Q_\mathrm{II})}{\lg(\sigma_\mathrm{I}/\sigma_\mathrm{II})} \qquad (8-64)$$

$$\xi = \frac{Q_\mathrm{I}}{\sigma_\mathrm{I}^\gamma} = \frac{Q_\mathrm{II}}{\sigma_\mathrm{II}^\gamma} \qquad (8-65)$$

5. 用裂纹扩展解析程序确定 SCGMC 的方法

（1）建立相对小裂纹扩展速率公式

① 相对小裂纹扩展速率公式建议采用 Walker 公式，表达式为

$$\frac{\mathrm{d}a}{\mathrm{d}N}C\left[(1-R)^{q-1}\Delta K\right]^{n} \tag{8-66}$$

② 相对小裂纹扩展速率公式用于描述裂纹萌生阶段的裂纹扩展，即由当量初始缺陷尺寸（EIFS）到耐久性感兴趣的相对小裂纹上限（如 1.2 mm）范围内的裂纹扩展。由于当量初始缺陷尺寸并非是真实的裂纹尺寸，而且从初始缺陷扩展到可见裂纹过程中缺陷（裂纹）的形态及扩展机制十分复杂，严格说断裂力学的应力强度因子并不适用，因此必须从工程角度加以处理。通常将这段过程中的缺陷用孔边角裂纹（紧固孔细节）或表面裂纹（圆角、几何不连处等细节）作为当量表现形式，用这些当量裂纹的 K 值（当量应力强度因子）作为缺陷扩展的驱动力，这样建立起来的相对小裂纹扩展速率实际上是一种当量裂纹的当量扩展速率。

③ 相对小裂纹扩展速率公式的 3 个参数（C,q,n），依据建立通用 EIFS 时所进行的 m（$m\geq 2$）种应力水平下模拟试件的耐久性试验数据及对应的试验谱加以确定，具体过程如下：

a. 指数 q 可近似采用材料长裂纹 $\mathrm{d}a/\mathrm{d}N$ 公式的对应参数（例如取 0.6）。

b. 对每种应力水平（i）下各试件对应优化的参考裂纹尺寸 a_r 的 TTCI 数据（t_{ij}）进行统计处理，得到指定高可靠度 p（通常取为 0.98 或 0.95）对应的 TTCI 取值 t_{ip}。例如，当 TTCI 服从三参数 Weibull 分布时，则有

$$t_{ip} = \varepsilon_i + \beta_i(-\ln p)^{\frac{1}{\alpha_i}} \tag{8-67}$$

c. 计算分布函数值等于 p 的通用 EIFS 取值 x_p。例如，当 TTCI 服从三参数 Weibull 分布时，则有

$$x_p = x_u\exp\left[-Q\beta(-\ln p)^{\frac{1}{\alpha}}\right] \tag{8-68}$$

d. 给定一组（C,n）值，用选择的裂纹扩展解析程序（建议选用广义 Willenborg 模型）可以计算出对应模拟试件耐久性试验谱在各应力水平下裂纹从 x_p 扩展到 a_r 的寿命 t_{ip}。选用广义 Willenborg 模型时，门槛值 ΔK_{th} 取为 0，超载截断比近似取长裂纹的对应值（如取 2.4 ~ 2.8）。

e. 取 $SSE = \sum_{i=1}^{m}(t_{ip}-\hat{t}_{ip})^2$ 选用适当的参数优化方法调整（C,n）值，使得 SSE 达到最小值，此时所对应的 C、n 即为 Walker 公式的对应参数。

（2）计算（a,t）数据集

① 所计算的（a,t）数据集中裂纹尺寸 a 覆盖的范围应与建立 EIFS 分布时所用的裂纹尺寸范围（a_1,a_u）相同。

② 取初始裂纹尺寸为 a_1，即取 $t=0$ 对应的裂纹尺寸为 $a_0=a_1$。

③ 将裂纹尺寸范围（a_1,a_u）分为若干个间隔（如 n 个间隔），得到 n 个裂纹尺寸 $a_k = a_0 + (k/n)(a_u-a_1)$，$k=1,2,\cdots,n$。

④利用在建立相对小裂纹扩展速率公式中选定的裂纹扩展解析程序,计算从 a_1 扩展至 a_k 所经历的时间 $t_k(k=1,2,\cdots,n)$。计算中所用的应力谱对应着使用载荷谱与给定应力区的应力水平。

(3)取得 $(\mathrm{d}a/\mathrm{d}t,a)$ 数据集

由上述 $(a_k,t_k)(k=1,2,\cdots,n)$ 数据集取得 $(\mathrm{d}a/\mathrm{d}t,a)$ 数据集,通常可采用正割法、修正的正割法,或二次多项式局部拟合法。

①正割法

$$\left.\begin{array}{l} \left(\dfrac{\mathrm{d}a}{\mathrm{d}t}\right)_k = \dfrac{a_{k+1}-a_k}{t_{k+1}-t_k} \\[3mm] \hat{a} = \dfrac{1}{2}(a_{k+1}-a_k) \end{array}\right\} \tag{8-69}$$

②修正的正割法

$$\left.\begin{array}{l} \left(\dfrac{\mathrm{d}a}{\mathrm{d}t}\right)_k = \dfrac{1}{2}\left(\dfrac{a_k-a_{k-1}}{t_k-t_{k-1}}+\dfrac{a_{k+1}-a_k}{t_{k+1}-t_k}\right) \\[3mm] \hat{a}_k = a_k \end{array}\right\} \quad k=0,1,2,\cdots,(n-1) \tag{8-70}$$

③二次多项式局部拟合法

对于第 k 点,取第 $(k-n')$ 点至 $(k+n')$ 点的 (a,t) 数据,按如下二次多项式进行局部拟合, n' 通常取 2 或 3,分别称为 5 点或 7 点局部拟合。

$$a_i = b_0 + b_1\left(\dfrac{t_i-C_1}{C_2}\right) + b_2\left(\dfrac{t_i-C_1}{C_2}\right)^2 \tag{8-71}$$

式中

$$\left.\begin{array}{l} C_1 = \dfrac{1}{2}(t_{k+n'}+t_{k-n'}) \\[3mm] C_2 = \dfrac{1}{2}(t_{k+n'}-t_{k-n'}) \end{array}\right\} \quad i=(k-n'),\cdots,(k+n') \tag{8-72}$$

用最小二乘法确定系数 b_0、b_1、b_2 后,则有

$$\left.\begin{array}{l} \left(\dfrac{\mathrm{d}a}{\mathrm{d}t}\right)_k = \dfrac{b_1}{C_2} + \dfrac{2b_2(t_k-C_1)}{C_2^2} \\[3mm] \hat{a}_k = b_0 + b_1\left(\dfrac{t_k-C_1}{C_2}\right) + b_2\left(\dfrac{t_k-C_1}{C_2}\right)^2 \end{array}\right\} \quad k=(n'+1),\cdots,(n-n') \tag{8-73}$$

二次多项式局部拟合法的实施可由对应的计算程序完成。

(4)确定 Q 值

将式(8-52)取对数,得

$$\ln(\mathrm{d}a/\mathrm{d}t) = \ln Q + \ln a$$

由所得 $(\mathrm{d}a/\mathrm{d}t,a)$ 数据集取对数,依据最小二乘法,则有

$$Q = \dfrac{\displaystyle\sum_{j=2}^{n_1}\sum_{k=1}^{j-1}(t-t_{j-k})\ln\dfrac{\hat{a}_j}{\hat{a}_{j-k}}}{\displaystyle\sum_{j=2}^{n_1}\sum_{k=1}^{j-1}(t_j-t_{j-k})^2} \tag{8-74}$$

或

$$Q = \exp\left\{\frac{1}{n}\left[\sum_{k=1}^{n_1}\ln\left(\frac{\mathrm{d}a}{\mathrm{d}N}\right)_k - \sum_{k=1}^{n_1}\ln\hat{a}_k\right]\right\} \tag{8-75}$$

◉ 8.3.3 裂纹超越数

1. 各应力区的裂纹超越概率

（1）裂纹超越概率的概念

指定应力区(i)中一个细节在指定时间 t 时裂纹尺寸超过经济修理极限 a_e 的概率，称为应力区在时间 t 时的裂纹超越概率，用 $p(i,t)$ 表示。显然，它随 t 而变化，是时间 t 的函数。

（2）$p(i,t)$ 的求法

对于确定性裂纹扩展情况，$p(i,t)$ 可在 8.3.2 节基础上确定。

由于

$$p(i,t) = P\{a(t) > a_e\} = P\{X > y_{1i}(t)\} = 1 - F_X[y_{1i}(t)] \tag{8-76}$$

式中，F_X 表示通用 EIFS 分布函数。因此，将 8.3.2 节所确定的 $y_{1i}(t)$ 代入式（8-76），即可求得 $p(i,t)$。

①三参数 Weibull 模型（$b=1$ 情况）

$$p(i,t) = 1 - \exp\left\{-\left[\frac{\ln(x_u/y_{1i}(t))}{Q\beta}\right]^\alpha\right\} \qquad 0 < y_{1i}(t) \leqslant x_u \tag{8-77}$$

②双参数 Weibull 模型

$$p(i,t) = 1 - \exp\left\{-\left[\frac{\ln(a_e/y_{1i}(t))}{Q\beta}\right]^\alpha\right\} \qquad 0 < y_{1i}(t) \leqslant a_e \tag{8-78}$$

③对数正态模型

$$p(i,t) = \Phi\left[\frac{\ln\ln(a_e/y_{1i}(t) - \mu_z)}{\sigma_z}\right] \qquad 0 < y_{1i}(t) \leqslant a_e \tag{8-79}$$

（3）随机裂纹扩展情况下的 $p(i,t)$

由于 8.3.2 节所述使用期裂纹扩展控制曲线是针对确定性裂纹扩展情况所建立的，因此，不能用于确定随机裂纹扩展情况下的 $p(i,t)$。这里专门介绍随机裂纹扩展情况下 $p(i,t)$ 的确定方法。

①使用期随机裂纹扩展方程

第 i 个应力区的使用期随机裂纹扩展方程可采用对数正态变量模型表示，如下：

$$\mathrm{d}a/\mathrm{d}t = Y_i Q_i a(t) \tag{8-80}$$

式中，Q_i 是中值裂纹扩展方程参数，也就是前面所述的确定性裂纹扩展方程参数；Y_i 是一个中值为 1 的对数正态变量，即有 $Y_{1i} = \ln Y_i \cdot N(0,\sigma_{1i}^2)$。

不同应力水平下 Y_{1i} 的统计对比表明，它们的 σ_{1i}^2 无显著差异，记作 σ_1^2。因此，可以认为 Y_{1i} 及 Y_i 与应力水平无关。Y_i 可统一用 Y 表示，于是式（8-80）变为

$$\mathrm{d}a/\mathrm{d}t = YQ_i a(t) \tag{8-81}$$

Q_i 与 σ_i 均可由建立 EIFS 分布所做两种以上应力水平耐久性试验结果加以确定。Q_i 的确定方法见 8.3.2 节;而 σ_i 则可由各应力水平下每个试件的 $Q_{jk}(j=1,2,\cdots,m$ 表示耐久性试验的应力水平序号;$k=1,2,\cdots,l_j$ 表示各应力水平的试件序号)按下式计算:

$$\sigma_1 = \sqrt{\frac{1}{N-1}\sum_{j=1}^{m}\sum_{k=1}^{l_j}\ln\left(\frac{Q_{jk}}{Q_j}\right)} \tag{8-82}$$

式中,$N = \sum_{j=1}^{m}l_j$;Q_{jk} 为每个试件自身裂纹扩展方程参数;Q_j 为第 j 个耐久性试验应力水平的中值(确定性)裂纹扩展方程参数。

②$p(i,t)$ 的确定

$$p(i,t) = p[a(t) > a_e] = 1 - F_{a(t)}(a_e) \tag{8-83}$$

上式 $F_{a(t)}(a_e)$ 是裂纹尺寸的无条件分布函数值,根据全概率定理,它可由下式求出:

$$F_{a(t)}(a_e) = \int_0^\infty F_X[G(a_e,t\mid y=u)]f_Y(u)\mathrm{d}u \tag{8-84}$$

式中,$F_X(x)$ 为 EIFS 分布函数;$G(a_e,t\mid y=u)$ 是在 $y=u$ 条件下反推出的 EIFS 值,由下式确定:

$$G(a_e,t\mid y=u) = a_e\exp(-uQ_it) \tag{8-85}$$

而 $f_Y(u)$ 则为对数正态变量 Y 的概率密度,当 $y=u$ 时的值由下式给出:

$$f_Y(u) = \frac{1}{\sqrt{2\pi}u\sigma_1}\exp\left[-\frac{1}{2}\left(\frac{\ln u}{\sigma_1}\right)^2\right] \tag{8-86}$$

因此,$p(i,t)$ 即可由下式确定:

$$p(i,t) = 1 - \int_0^\infty F_X[G(a_e,t\mid y=u)]f_Y(u)\mathrm{d}u \tag{8-87}$$

2. 各应力区的裂纹超越数

(1)指定细节群给定应力区(i)的裂纹超越数是指该应力区在指定时间 t 时裂纹尺寸超过 $x_1(a_e)$ 的细节数量,用 $N(i,t)$ 表示,它随时间 t 变化。

(2)指定时间 t 对应的 $N(i,t)$ 是一个离散型随机变量。在假定应力区中每个细节的相对小裂纹尺寸的扩展互相独立的条件下,每个细节在时间 t 时的裂纹尺寸或者达到 a_e 或者未达到 a_e,而达到 a_e 的概率为 $p(i,t)$。若应力区(i)中包含的细节数为 N_i,则在时间 t 时裂纹尺寸超过 x_1 的细节数 $\overline{N}(i,t)$ 服从参数为 N_i 和 $p(i,t)$ 的二项式分布。其数学期望(平均裂纹超越数)$\overline{N}(i,t)$ 由下式给出:

$$\overline{N}(i,t) = N_ip(i,t) \tag{8-88}$$

而标准差处 $\sigma_N(i,t)$ 则由下式给出:

$$\sigma_N(i,t) = \{N_ip(i,t)[1-p(i,t)]\}^{\frac{1}{2}} \tag{8-89}$$

3. 结构细节群的裂纹超越数

(1)结构的指定细节群包含若干个应力区($i=1,2,\cdots,m$),结构细节群中裂纹尺寸超过 $x_1(a_e)$ 的细节数量,用 $L(t)$ 表示,它也随时间 t 而变化。

(2)指定时间 t 对应的 $L(t)$ 是一个随机变量。在每个应力区的细节数 $N \geqslant 30$ 时,$N(i,t)$ 对应的二项式分布依据中心极限定理趋近于数学期望为 $\overline{N}(i,t)$、方差为 $\sigma_N^2(i,t)$ 的正态分布,即近似有 $N(i,t) \sim N(\overline{N}(i,t), \sigma_N^2(i,t))$。在此前提下,细节群的裂纹超越数

$$L(t) = \sum_{i=1}^{m} N(i,t) \tag{8-90}$$

也是一个正态变量,其数学期望[细节群的平均裂纹超越数 $\overline{L}(t)$]与标准差 $\sigma_L(t)$ 由下式给出:

$$\overline{L}(t) = \sum_{i=1}^{m} \overline{N}(i,t) \tag{8-91}$$

$$\sigma_L(t) = \left[\sum_{i=1}^{m} \sigma_N^2(i,t) \right]^{\frac{1}{2}} \tag{8-92}$$

4. 含多种细节群的结构裂纹超越数

(1)如果结构所含的几种细节群均为紧固孔细节,只是几何因素(如厚度、孔径)、工艺状态(如钻孔、钗孔或挤压)及材料中某一项或几项有所不同,可以综合各细节群的裂纹超越数得到结构裂纹超越数。显然,其总体均值为各细节群 $\overline{L}(t)$ 之和,其标准差为各细节群方差和的平方根。

(2)如果结构所含几种细节群的几何形式明显不同(例如分别属于紧固孔、圆角、几何不连续等),由于各细节群的修理方法、修理费用有明显差别,其经济寿命对应的损伤度要求通常分别由不同细节群给出。在这种情况下,结构裂纹超越数也分别由各细节群给出裂纹超越数的形式表示。

◉ 8.3.4   损伤度评估与经济寿命预测

1. 损伤度评估

(1)损伤度是结构在达到指定时间 t 时所产生的耐久性损伤的定量度量。它通常用结构细节群的裂纹超越数或裂纹超越百分数表示。裂纹超越百分数等于裂纹超越数除以细节总数,损伤度是时间 t 的函数。

①损伤度平均值 D_m 可用平均裂纹超越数或平均裂纹超越百分数表示。

②指定可靠度 R 对应的损伤度上界 D_R,可用可靠度为 R 对应的裂纹超越数或裂纹超越百分数表示。

(2)损伤度计算:

①损伤度平均值

$$D_m = \begin{cases} \overline{L}(t) \\ \dfrac{\overline{L}(t)}{N} \end{cases} \tag{8-93}$$

式中,$N = \sum N_i$,为细节总数。

②损伤度上界:可靠度为 R 的裂纹超越数为

$$L_R(t) = \overline{L}(t) + u_R \sigma_L(t) \tag{8-94}$$

式中,u_R 为分布函数取值为 R 对应的标准正态变量值。

损伤度上界则为

$$D_R = \begin{cases} L_R(t) \\ \dfrac{L_R(t)}{N} \end{cases} \qquad (8-95)$$

（3）损伤度除了作为时间 t 的函数外，还与如下因素有关：

①对损伤度的可靠性要求，即损伤度上界对应的可靠度 R，而损伤度平均值对应的可靠度为 $R=0.5$；

②经济修理极限 a_e 或参考裂纹尺寸 x_1；

③使用载荷（应力）谱的强弱，可用载荷（应力）谱对应的细节群最大应力区的最大应力 σ 表示，也可以用载荷谱的强化系数 K 表示。

因此，损伤度的表示形式有多种，分别固定 t、R、a_e、σ 中的两个，将损伤度随另两个量的变化用一族曲线描述出来，也可以用相应的数据表格表示。

（4）损伤度表示形式的几种主要例子：

①指定 a_e 和 σ，以及若干不同 R 下裂纹超越数或裂纹超越百分数随使用时间 t 变化的规律，其曲线表示形式如图 8-7（a）所示。

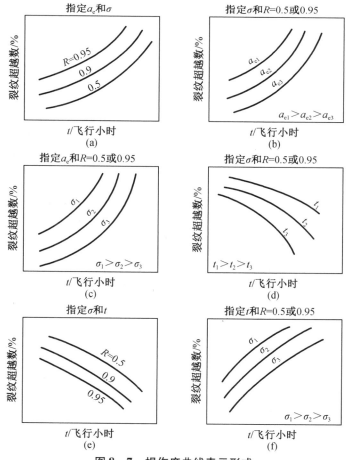

图 8-7 损伤度曲线表示形式

②指定 σ 和 R(通常取 0.5 和 0.95),若干不同的 a_e 下,裂纹超越数或裂纹超越百分数随使用时间 t 变化的规律,其曲线形式如图 8-7(b)所示。

③指定 a_e 和 R(通常取 0.5 和 0.95),若干不同的 σ 下,裂纹超越数或裂纹超越百分数随使用时间 t 的变化规律,其曲线形式如图 8-7(c)所示。

④指定 σ 和 R(通常取 0.5 和 0.95),若干不同使用时间 t 下,裂纹超越数或裂纹超越百分数随经济修理极限 a_e 的变化规律,其曲线形式如图 8-7(d)所示。

⑤指定 σ 和 t,若干不同 R 下,裂纹超越数或裂纹超越百分数随经济修理极限 a_e 的变化规律,其曲线形式如图 8-7(e)所示。

⑥指定 t 和 R(通常取 0.5 和 0.95),若干不同 σ 下,裂纹超越数或裂纹超越百分数随经济修理极限 a_e 的变化规律,其曲线形式如图 8-7(f)所示。

2. 经济寿命预测

(1)经济寿命的概念和意义

①由于疲劳、意外损伤和(或)环境作用引起的飞机结构的损伤状况,使得其战备状态的目标不能通过可接受的经济维修方式予以保持的时候,所对应的使用时间即为经济寿命。具体说,结构细节出现疲劳裂纹或其他损伤时允许通过经济修理保持其正常功能,直至修理已是不经济的或者经济修理已无法实施时,结构达到其经济寿命。

②结构经济寿命是其修理前经济寿命与各次修理后经济寿命的总和。修理后的经济寿命与所采用的修理工艺、部位和方法密切相关。

③结构的经济寿命取决于经济修理极限和对损伤度的要求,这一要求通常用"许用裂纹超越(百分)数和可靠度"描述。

(2)确定损伤度要求的原则

①构件的许用裂纹超越数依赖于几个因素,包括危险性、可接近程度、可检性、修理能力、修理费用、战备状态、可接受的限制等。例如,一个昂贵的断裂临界构件安装于机翼结构内,不易接近,因而检查和修理均困难,假如该构件上的销孔决定它的经济寿命,那么它的许用裂纹超越数就要低于另一个具有同样危险程度但容易接近、便于检查和修理的构件。

②可靠度的选取主要取决于构件的安全性和对维持飞机战备状态的重要性。对于直接关系到飞机结构安全或关系到保持飞机战备状态的重要耐久性关键件,通常取可靠度 $R=0.95$;对于产生裂纹后影响飞机结构的功能而不会导致飞机结构被破坏,且能够更换、费用又不昂贵的耐久性关键件,则可适当降低可靠度要求。

③许用裂纹超越(百分)数的选取,同时要考虑超过选定的经济修理极限的细节中裂纹尺寸最大者不会导致无法修理甚至结构被破坏。

(3)经济寿命预测方法

①经济修理极限 a_e 和损伤度要求所对应的经济寿命,可以通过对应的损伤度曲线(表格)查出,或者直接从经济寿命预测程序算出。

②预测修理前经济寿命时,应首先选取允许的最大经济修理极限,以判断若不进行修理,结构的经济寿命能否达到设计使用寿命要求。如果达不到,则应根据所选取的修理方

法重新选定经济修理极限,预测修理前的经济寿命。

3. 修理后的经济寿命预测

(1)如果需要进行一次或多次修理才能使结构的经济寿命达到设计使用寿命要求,则应针对所采用的修理程序及方法对每次修理后的构件进行修理后经济寿命预测。

(2)如果修理时对全部细节均按相同的工艺和方法进行修理,则可采用修理后的细节 IFQ(EIFS 分布),按照前面所述全部过程进行修理后的损伤度评估与经济寿命预测。若修理后各应力区细节的名义应力有所增加,损伤度评估与经济寿命预测时应采用修理后的应力水平。

(3)如果修理时只对一部分细节进行修理,那么,修理前的一个细节群在修理后将可能变为两个不同的细节群。而且,修理后细节的寿命可以认为从"0"开始,修理前的细节则已经历了修理前一段受载历程。这种情况下,修理后的经济寿命预测应采用如下方法:

① 采用修理后细节的 IFQ(EIFS 分布),对修理后细节群各应力区进行损伤度评估,给出每个应力区在若干时间 t 下的 $p(i,t)$。修理后时间 t 对应的未修理细节各应力区的裂纹超越数概率应取时间 $t' = t + t_0$(t_0 为修理时间)对应的 $p(i,t')$。

②修理后时间 t 对应的结构损伤度应依据修理后细节各应力区的 $p(i,t)$ 和未修理细节各应力区的 $p(i,t')$ 加以评估。经济寿命预测则可依据损伤度曲线(表格)完成。

4. 紧固孔细节群损伤度评估时对 IFQ 的工程处理

(1)一些耐久性关键件具有孔径和工艺状态相同的许多紧固孔细节,只是细节所在处的厚度有一定差别。严格说来,厚度不同处的细节应分为不同的细节群,分别建立其通用 EIFS 分布,用各自的 EIFS 分布和裂纹扩展方程参数 Q 分别进行损伤度评估。但是,这样做势必带来很大的试验工作量,付出巨大的费用和时间。厚度对 IFQ 和经济寿命影响的试验研究与分析表明:在厚度相差不十分显著的情况下,用不同厚度下的通用 EIFS 分布及其对应的 Q 对同一个应力区划分和载荷谱对应的结构细节群预测经济寿命,所得结果相差不大。因此,在进行损伤度评估与经济寿命预测时,可将厚度有所不同处的相同紧固孔细节视为同一细节群,并尽量采用最严重应力区厚度下的 EIFS 分布。

(2)在紧固孔细节扩孔修理后,若孔的工艺状态与修理前相同(如都采用铰孔),只是孔径略有增加,严格来说,孔径不同时应视为新的细节群,则重新建立其 EIFS 分布。但是,在孔径变化很小时,从工程上可以认为其 IFQ 不变,进行修理后损伤度评估时仍采用修理前细节的 EIFS 分布。

(3)进行修理后损伤度评估时,严格说来应考虑扩孔后处于孔边的材料在修理前受载历程中产生的损伤。最好的方法当然是采用修理前模拟试件,当耐久性试验达到指定的修理时间,按规定的修理方法实施修理后构成修理后模拟试件,再进行耐久性试验以建立通用 EIFS 分布。但是,这样做十分复杂,通常在工程中难以实现。因此,从工程上可以采用修理后孔径与工艺状态对应的 EIFS 分布予以近似,但这种近似略偏危险,可以考虑进行适当的修正,修正的方法是将预测的经济寿命结果减少 5% ~ 10% 。

8.4 确定性裂纹增长方法与裂纹萌生方法

◎ 8.4.1 确定性裂纹增长方法

确定性裂纹增长法(DCGA)是用断裂力学原理对结构进行耐久性分析的一种方法。采用该方法可节省大量实验费用,在典型元件的试验基础上,可对各种载荷谱下,复杂几何形状结构进行耐久性分析,并且可以使耐久性分析与损伤容限分析工作协调进行。采用DCGA 进行耐久性分析时,必须给出各应力区或最严重应力区对应的使用应力谱、典型或最薄弱细节相对小裂纹(当量)扩展速率公式、假设的结构细节裂纹形态所对应的应力强度因子公式及假设的典型细节初始缺陷尺寸,再结合损伤容限设计中扩展寿命分析方法,计算出最严重应力区典型细节或各应力区最薄弱细节在某一指定使用时间的裂纹尺寸,以检验这些裂纹尺寸是否超过经济修理极限,判断所设计结构能否达到耐久性的基本要求。

由于结构典型细节的初始质量 IFQ 主要取决于材料、加工、检测的水平和质量,并且与结构的几何形状有关,但与载荷谱及应力水平无关,故 DCGA 在确定 IFQ 时,只采用恒幅载荷谱和某一级应力水平,进行典型细节的裂纹形成和扩展实验,测定出裂纹扩展到裂纹参考尺寸 a_r 的时间(TTCI)分布,TTCI 分布仍服从三参数 Weibull 分布。

DCGA 还可采用恒幅和恒定应力比(与 TTCI 实验取相同值)下的小裂纹扩展方程作为 EIFS 控制曲线。EIFS 控制曲线采用下列形式:

$$\frac{\mathrm{d}a}{\mathrm{d}N} = C[a(N)]^m \qquad (8-96)$$

式中,C 和 m 为材料常数,由 TTCI 试验数据拟合得到。EIFS 控制曲线和使用期裂纹扩展控制曲线 SCGMC 形式相同,指数 m 均采用该材料的 Walker 裂纹扩展速率表达式的指数,而材料常数 C 则由实验数据拟合获得。利用 EIFS 控制曲线[式(8-96)],由 TTCI 分布反推得到当量初始缺陷 EIFS 分布,由此可知 TTCI 和 EIFS 的分布均与载荷谱形式和应力水平无关,是通用分布。它与 PFMA 不同之处是,采用某一级应力水平的恒幅载荷谱进行耐久性试验,故 EIFS 不包含应力水平和载荷谱的影响。

耐久性分析的裂纹尺寸范围较小,因此需选择适合于较小裂纹扩展的超载迟滞模型,如闭合模型等。采用 Walker 裂纹扩展方程,在给定应力水平的载荷谱作用下,计算从当量初始裂纹尺寸扩展到经济修理极限过程中,裂纹长度 a 与循环次数 N 的关系曲线($a-N$ 曲线),将此谱载荷下小裂纹扩展曲线作为使用期裂纹扩展控制曲线 SCGMC。显然,它考虑小裂纹扩展特点,以及载荷顺序、应力水平、材料和几何特性的影响,因此适用于各种细节和载荷谱。为了与 EIFS 控制曲线相容,使用期裂纹扩展控制曲线 SCGMC 仍采用 EIFS 控制曲线相同的形式,其指数 m 与 EIFS 控制曲线的指数相同,根据不同应力水平得到相应的 C 值。

确定性裂纹增长法(DCGA)在确定裂纹扩展超越数、经济寿命预测和损伤度评定等方面均与 PFMA 相同。在结构耐久性分析时已有 PFMA 分析方法和计算程序,此时可将典型元件得到的 TTCI 分布,采用裂纹扩展速率方程(如 Walker 方程)和超载迟滞模型(如改进的 Willenborg 模型或适用于小裂纹扩展的闭合模型),转化为不同应力水平(高、中、低三种应力水平)和不同谱载荷下 TTCI 分布。其他计算方法和程序均相同,因此可减少大量实验工作量。

确定性裂纹增长方法(DCGA)是由损伤容限设计方法发展而来的。它采用假设初始缺陷尺寸和相对小裂纹(当量)扩展速率表示结构细节的 IFQ,再结合损伤容限设计中扩展寿命分析方法,给出某一指定使用时间的裂纹尺寸。但是,它不能综合各应力区损伤和给出结构损伤度随时间变化的函数。该方法应用的前提条件是:必须测定结构细节模拟试样在一种基本的载荷谱下的相对小裂纹扩展速率公式。

8.4.2 裂纹萌生方法(CIA)

如前面所述,耐久性分析的概率断裂力学方法(PFMA)必须有描述结构细节的原始疲劳质量(IFQ)的通用 EIFS 分布,而 EIFS 分布与载荷谱形式有一定的关系,需由接近于使用谱的飞 - 续 - 飞随机谱,或多级块谱下的模拟试样的耐久性试验得到,试验时选取 3 种应力水平。确定性裂纹增长法(DCGA)也必须有较小裂纹的 da/dN,以及对应于所选用的裂纹扩展解析程序的过载迟滞模型参数作为基础,这些数据尚缺乏必要的积累,试验测定也有相当大的工作量,而且 DCGA 不能给出全部细节损伤度随时间的变化函数。常规疲劳分析方法(CFA)经过多年的发展,有较完整的理论和方法,并有相当多的材料疲劳特性试验数据的积累(如 $P-S-N$ 曲线等),不需要通用 EIFS 分布,因而适应于任意变化的载荷谱,具有较大的通用性。但是,CFA 不能定量地确定全部细节的裂纹尺寸,无法对作为时间函数的"损伤度"提供定量的描述。耐久性分析的裂纹萌生方法(CIA)是在常规疲劳分析方法基础上发展而来的耐久性分析方法,保留了不需要通用 EIFS 分布,适应于任意载荷谱的优点,同时,只要进行一(或二)组模拟试样的恒幅裂纹萌生寿命试验,即可达到评估结构损伤度和预测经济寿命的目的,是一种行之有效的耐久性分析方法。该方法已成功地应用于我国若干飞机结构的研制及定寿中的耐久性评定。

某一结构细节在恒幅交变应力作用下,从施加交变应力开始,到裂纹尺寸达到指定的经济修理极限 a_e 为止,所经历的交变应力循环数 N,被定义为该结构细节在给定应力水平下的条件裂纹萌生寿命,简称裂纹萌生寿命,它与 a_e 大小有关。在指定应力水平下,结构细节的裂纹萌生寿命 N 是一个随机变量,可靠度 p 对应的裂纹萌生寿命 N_p,称为安全裂纹萌生寿命。由不同应力水平下的裂纹萌生寿命数据拟合出的 $S-N$ 曲线,称为结构细节裂纹萌生 $S-N$ 曲线;由不同应力水平下的安全裂纹萌生寿命拟合出的曲线,称为结构细节裂纹萌生 $P-S-N$ 曲线。

在 CIA 研究中,常假设:①结构细节裂纹萌生 $P-S-N$ 曲线与材料总寿命 $P-S-N$ 曲线具有相同的形状参数;②在使用载荷谱作用下,指定应力区 i 中各细节的裂纹萌生寿命为随机变量,并且裂纹萌生寿命服从对数正态分布或 Weibull 分布。

对应裂纹萌生寿命 t，应力区 i 中细节裂纹尺寸超过经济修理极限 a_e 的概率为 $p_i(t)$，即裂纹超越数概率 $p_i(t) = 1 - t$。给定任一 $p_i(t)$，根据线性累积损伤理论和结构细节裂纹萌生 $P-S-N$ 曲线，可以计算出 $p_i(t)$ 对应的 t 值，由若干组 $[p_i(t), t]$ 数据则可得到 $p_i(t) - t$ 曲线。

CIA 在确定裂纹扩展超越数、经济寿命预测和损伤度评定等方面均与 PFMA 相同，但是，CIA 却是以结构细节达到经济修理极限时的裂纹萌生 $P-S-N$ 曲线族，表示结构细节群的 IFQ，并根据谱载下寿命估算的线性暴积损伤理论（Miner 理论），建立损伤度随时间的变化关系，预测结构经济寿命。它不能计及谱载中载荷先后次序的影响及载荷顺序效应。其应用前提条件是：已知结构材料的常规疲劳试验结果，以及 1~2 组结构细节模拟试样在恒幅交变载荷下的裂纹萌生寿命试验数据。

习题

8.1　什么是耐久性和耐久性设计？试比较安全寿命设计、损伤容限耐久性设计和耐久性设计准则的异同。它们保证结构安全性的具体准则是什么？

8.2　试论述耐久性设计如下概念定义：经济寿命、经济修理极限、裂纹超越数、原始疲劳质量（IFQ）、裂纹形成时间（TTCI）、当量初始缺陷尺寸（EIFS）、EIFS 控制曲线、使用期裂纹扩展控制曲线（SCGMC）。

8.3　试述 EIFS 控制曲线和使用期裂纹扩展控制曲线（SCGMC）的异同。它们各自的作用是什么？是否有更好的模型取代它们？

8.4　试推导由 TTCl 确定 EIFS 的过程，并推导如何由 TTCI 分布确定 EIFS 分布。

参 考 文 献

[1] 张行. 断裂与损伤力学[M]. 2版. 北京:北京航空航天大学出版社,2009.

[2] 《航空制造工程手册》总编委会. 航空制造工程手册[M]. 北京:航空工业出版社,1998.

[3] 《飞机设计手册》总编委会. 飞机设计手册[M]. 北京:航空工业出版社,1997.

[4] 徐灏. 疲劳强度设计[M]. 北京:机械工业出版社,1981.

[5] 卿光辉. 飞机结构疲劳与断裂[M]. 北京:中国民航出版社,2015.

[6] 熊峻江. 飞行器结构疲劳与寿命设计[M]. 北京:北京航空航天大学出版社,2004.

[7] 郦正能. 飞行器结构学[M]. 北京:北京航空航天大学出版社,2005.

[8] 管德,郦正能. 飞机结构强度[M]. 北京:北京航空航天大学出版社,2005.

[9] 郦正能. 结构耐久性和损伤容限设计理论与方法[M]. 北京:北京航空航天大学出版社,1998.

[10] 邱志平,王晓军. 飞机结构强度分析和设计基础[M]. 北京:北京航空航天大学出版社,2012.

[11] 黄季墀,汪海. 飞机结构设计与强度计算[M]. 上海:上海交通大学出版社,2012.

[12] 斯海维. 结构与材料的疲劳[M]. 2版. 吴学仁,等译. 北京:航空工业出版社,2014.

[13] 中国人民解放军总装备部. 军用飞机结构强度规范:GJB 67A—2008[S]. 北京:总装备部军标出版发行部,2008.

[14] 《民机结构耐久性与损伤容限设计手册》编委会. 民机结构耐久性与损伤容限设计手册(上、下册)[M]. 北京:航空工业出版社,2003.

[15] 郦正能,张纪奎. 飞机结构疲劳和损伤容限设计[M]. 北京:北京航空航天大学出版社,2016.

[16] MCINNES C H, MEEHAN P A. Equivalence of four-point and three-point rainflow cycle counting algorithms[J]. International Journal of Fatigue,2008,30(3):547 - 559.

[17] 陆明万,寿比南,杨国义. 疲劳分析中变幅载荷的循环计数方法[J]. 压力容器,2012,29(11):25 - 29.

[18] 蒋东方. 雨流计数的递归算法[J]. 航空学报,2009,30(1):99 - 103.

[19] NAGODE M, KLEMENC J, FAJDIGA M. Parametric modelling and scatter prediction of rainflow matrices[J]. International Journal of Fatigue,2001,23(6):525 - 532.

[20] XIONG J J, SHENOI R A. A load history generation approach for full-scale accelerated fatigue tests[J]. Engineering Fracture Mechanics, 2008, 75(10):3226 – 3243.

[21] IYYER N, SARKAR S, MERRILL R, et al. Aircraft life management using crack initiation and crack growth models P-3C Aircraft experience[J]. International Journal of Fatigue, 2007, 29(9/10/11):1584 – 1607.

[22] 姚卫星. 结构疲劳寿命分析[M]. 北京:科学出版社, 2019.

[23] 王志瑾, 姚卫星. 飞机结构设计[M]. 北京:国防工业出版社, 2004.

[24] 《民机结构耐久性与损伤容限设计手册》编委会. 民机结构耐久性与损伤容限设计手册(上册), 疲劳设计与分析[M]. 北京:航空工业出版社, 2003.

[25] 胡仁伟, 刘文. 结构原始疲劳质量分布确定方法的改进[J]. 北京航空航天大学学报1999, 25(1):41 – 44.

[26] 周希沅. 国产材料疲劳寿命分布参数 α 的初步估计[J]. 航空学报, 1990, 11(10):488 – 491.

[27] 刘文珽, 熊峻江. 耐久性分析的裂纹萌生方法研究[J]. 航空学报, 1992, 13(3):182 – 186.

[28] 王志智, 郑敏仲, 王斌. 耐久性和损伤容限分析中的裂纹扩展模型及破坏危险性分析[J]. 固体力学学报, 1995(16):17 – 24.

[29] 刘文珽, 郑旻仲, 费斌军, 等. 概率断裂力学与概率损伤容限/耐久性[M]. 北京:北京航空航天大学出版社, 1999.

[30] 李舜酩, 刘献栋, 王新彦. 汽车底盘现代设计[M]. 北京:国防工业出版社, 2013.

[31] 《机械工程手册》委员会, 《电机工程手册》委员会. 机械工程手册[M]. 北京:机械工业出版社, 1997.